Impact Investing – Investieren in die Zukunft

Stefan Fritz

Impact Investing –
Investieren in die Zukunft

Ein Leitfaden für nachhaltiges Unternehmertum und
Social Entrepreneurship

1. Auflage

Haufe Group
Freiburg · München · Stuttgart

Bibliografische Information der Deutschen Nationalbibliothek

Die Deutsche Nationalbibliothek verzeichnet diese Publikation in der Deutschen Nationalbibliografie; detaillierte bibliografische Daten sind im Internet über http://dnb.dnb.de/ abrufbar.

Print:	ISBN 978-3-648-15914-9	Bestell-Nr. 10825-0001
ePub:	ISBN 978-3-648-15915-6	Bestell-Nr. 10825-0100
ePDF:	ISBN 978-3-648-15916-3	Bestell-Nr. 10825-0150

Stefan Fritz
Impact Investing – Investieren in die Zukunft
1. Auflage, Januar 2022

© 2022 Haufe-Lexware GmbH & Co. KG, Freiburg
www.haufe.de
info@haufe.de

Bildnachweis (Cover): © gerasimov174, Adobe Stock

Produktmanagement: Bettina Noé
Lektorat: Juliane Sowah

Für meine Eltern.

Danke, dass ihr in die Zukunft investiert habt!

Inhaltsverzeichnis

TEIL 3 Wie wir jetzt anfangen können

Vorwort von Klaus Weinmann

Liebe Leserinnen und Leser,

als ich 1992 im Alter von 22 Jahren als Student die heute im MDAX notierte *CANCOM* gründete, war die Welt gefühlt noch kleiner als heute. Das Internet war uns nicht bekannt, Browser gab es noch nicht und Windows war gerade erst erfunden.

Wir waren die erste Generation, die sich ab Mitte der 1980er-Jahre nach der Schule lieber mit Computern, damals dem Commodore C64, beschäftigte und im Gegenzug riskierte, wegen zu schlechter Noten das Schuljahr wiederholen zu müssen.

Die Probleme waren in den 1990er-Jahren noch viel lokaler, die Mauer seit Kurzem gefallen, die Globalisierung erst am Anfang. China gehörte zur dritten Welt und war für uns sehr weit weg und nahezu unerreichbar. Wenn einem irgendetwas egal war, sagte man noch: »Was interessiert es mich, wenn in China ein Sack Reis umfällt?«

Wir waren in den folgenden Jahrzehnten Teil der Technologieentwicklung, die aus heutiger Sicht die Welt deutlich verändert hat. Wir haben aus kleinen Anfängen ein heute großes und erfolgreiches Unternehmen entwickelt durch organisches Wachstum und nach der Jahrtausendwende zunehmend durch Akquisitionen. Aus Studenten und Gründern wurden Unternehmer und was anfangs dazu dienen sollte, unser Studium zu finanzieren, wurde so erfolgreich, dass wir uns heute als Investoren betätigen und es uns leisten können, darüber nachzudenken, wie die Geschäftswelt, in die wir vor 30 Jahren eingetreten sind, in weiteren 30 Jahren aussehend wird.

CEO eines in der DAX-Indexfamilie notierten Unternehmens zu sein, hat viele Vorteile. Man kann gut davon leben, bekommt viele interessante Einblicke und ist in seinem Marktsegment an der Spitze der technologischen Entwicklung. Der Job hat aber auch einen wesentlichen Nachteil. Man ist im täglichen Geschäft so stark eingespannt, dass man sich irgendwann fühlt wie in einem Hamsterrad und man über den Tellerrand des täglichen Geschäftes oft nicht hinausschauen kann.

Deshalb habe ich zusammen mit meinen beiden Mitgründern Stefan und Raymond Kober beschlossen, die *PRIMEPULSE* zu gründen und bin 2018 aus dem operativen Management der *CANCOM* ausgeschieden. Wir investieren schwerpunktmäßig in Technologieunternehmen, die wir aber nicht mehr selbst führen, sondern nur noch steuern. Wir nennen das *Family Equity*. Seit drei Jahren manage ich die *PRIMEPULSE* als CEO.

Stefan Fritz habe ich während meiner Zeit bei *CANCOM* kennen gelernt. Er hatte ein sehr bemerkenswertes Unternehmen namens *synaix* aufgebaut, das wir 2017 in die

CANCOM integrieren durften. Da er sich seit über 20 Jahren als Venture Investor im Technologieumfeld betätigt hat, war er für Stefan, Raymond und mich der ideale Partner für die PRIMEPULSE, in die er Anfang 2020 eintrat.

Stefan Fritz hat unseren Blick auf Investments verändert und er ist der Treiber hinter dem, was anfangs keinen Namen hatte und was wir heute Impact Investing nennen.

Die PRIMEPULSE etablierte sich dank eines hervorragenden Teams schneller, als wir dachten. Als wir die üblichen Startprobleme hinter uns und die Umsatzmilliarde überschritten hatten, stelle sich zunehmend die Frage: Warum und wofür?

Wie erklärt man jungen Menschen, die in der Welt der Globalisierung, Digitalisierung und des demografischen Wandels und daraus folgenden Fachkräftemangels aufgewachsen sind, für was und warum sie sich beruflich engagieren sollen? Warum soll man jeden Morgen aufstehen und ins Büro gehen oder nicht einfach aufhören zu arbeiten?

Die Antwort auf das Warum und wofür war so einfach wie naheliegend. Wir selbst hatten immer Lust, etwas zu bewegen. Wer diesen internen Antrieb nicht hat, kann nicht Unternehmer werden. Und wer ihn hat, der kann ihn nicht einfach ablegen und auf eine Insel in der Karibik ziehen. Das mit der Karibik ist ein Traum, den man träumt, solang man noch arbeiten muss, um seinen Lebensunterhalt zu verdienen. An dem Tag, an dem man feststellt, dass man diesen Traum realisieren könnte und man darüber nachdenkt, was das wirklich bedeutet, an dem Tag hört man auf, davon zu träumen.

Wir begannen also, über unsere Erwartungen an andere nachzudenken und wofür es sich für uns und andere lohnt zu arbeiten. Und da wir heute in einer global vernetzten und für die Anzahl der vielen Menschen viel zu klein gewordenen Welt leben, kommt man schnell zum Ergebnis, dass es viel zu tun gibt.

Gleichzeitig fragt man sich als Investor jeden Tag, welche Investitionen Sinn machen und welche nicht. Und plötzlich wird die Sache rund.

Sinn macht nachhaltiges Investieren in die Zukunft. In Technologien, die diese Zukunft möglich und besser machen. Und in Technologien, die neue Märkte fördern und ermöglichen.

Letztendlich hatten wir das Glück, uns mit CANCOM in einem Markt zu bewegen, der sich vom Computerhandel zum Cloud-Services-Anbieter entwickelt hat. Wir hatten nie Probleme, die richtigen Leute zu bekommen und zu motivieren, denn wir haben immer an spannenden Projekten gearbeitet, von denen wir wussten, dass sie uns und andere voranbringen würden. Allerdings haben wird dadurch den Wald vor lauter

Bäumen nicht gesehen und waren zu sehr mit dem Hamsterrad beschäftigt, statt uns (auch) die Frage nach dem *Warum und wofür* zu stellen.

Und es kam noch ein Thema hinzu, über das man meist erst in der Mitte des Lebens beginnt nachzudenken. Denn ein Teil der Antwort auf das *Warum und wofür* ist auch immer »für die nächste Generation«. Man erkennt zunehmend, dass man selbst die Aufbauphase hinter sich hat und eine neue Generation folgt, die ebenfalls nach dem *Warum und wofür* fragt – und die in einer komplett anderen Welt aufwächst, verglichen mit dem Wirtschaftswunderland Deutschland, in dem wir groß geworden sind. Diese Generation fordert eine andere, zeitgemäße Antwort auf das *Warum und wofür* ein.

Uns wurde die letzten drei Jahre als Investoren schnell klar, dass sich investieren mit guten Renditen vereinbaren lässt, wenn man in nachhaltige Technologien investiert. Und dann muss auch niemand mehr fragen, *warum und wofür*. Alle zukunftsorientierten, generationsbewussten Stakeholder wissen, dass sie mit ihrer täglichen Arbeit nicht nur ihren Lebensunterhalt bestreiten, sondern auch an einer besseren Zukunft unserer Gesellschaft mitarbeiten.

Ich bin Stefan Fritz sehr dankbar, dass er immer wieder unser tägliches Tun analytisch hinterfragt und mit neuen Investmentideen unser Portfolio bereichert. Besonders aber dafür, dass wir gemeinsam unseren Weg des Impact Investing und Entrepreneurship entwickeln konnten, den wir heute beschreiten. Ich wünsche Ihnen eine anregende Lektüre auf Ihrem Weg der persönlichen Suche nach dem *Warum und wofür*.

Viel Spaß auf dieser Reise.

Ihr Klaus Weinmann, CEO *PRIMEPULSE*

Abbildungsverzeichnis

Intro

Manchmal liege ich nachts wach. Die Gedanken an unsere ungewisse Zukunft auf diesem Planeten lassen mich nicht schlafen. Schon seit einigen Jahren beschäftigen mich die zunehmend düsteren Aussichten für die Lebensbedingungen unserer nachfolgenden Generationen und die vielen bedrückenden Nachrichten zu überschrittenen Kipppunkten in unseren Ökosystemen. Ich verfolge die Diskussionen darüber, was wir eigentlich tun müssten und stattdessen tatsächlich tun – und spüre die Ohnmacht. Ich selbst habe mich bisher nicht an solchen Debatten beteiligt, denn ich hatte nicht den Eindruck, wirklich einen Beitrag leisten zu können.

Im kleinen Rahmen habe ich für mein Haus den Stromanbieter gewechselt, schon vor vielen Jahren ein Elektroauto gekauft und versucht, Geräte länger zu nutzen sowie nicht zu viel unnützes Zeug zu kaufen. Meine Frau und ich haben begonnen, unsere Ernährung umzustellen und weniger Fleisch zu essen. Auf Urlaubsreisen in ferne Länder haben wir bisher aber nicht verzichtet: Der Wunsch, unseren Kindern etwas von dieser schönen Welt zu zeigen, war einfach zu groß.

Auf meinem Blog https://stefanfritz.de schreibe ich seit vielen Jahren über die Auswirkungen der Digitalisierung auf unsere Unternehmen und die Gesellschaft. Die Unwucht, die große Digitalkonzerne in unser kapitalistisches Wirtschaftssystem bringen, beunruhigt mich. Ich habe dazu viele Artikel verfasst und Diskussionen mit Kunden, Partnern und Kollegen geführt.

Wo es nur geht, versuche ich, Aufklärungsarbeit zu leisten und komplexe Themen greifbar zu machen. In unserer Gesellschaft beobachte ich zunehmend extreme und fundamentale Positionen ohne Annäherungsbereitschaft. Nur selten gibt es lösungsorientierte Diskussion, viel wichtiger erscheint der ungefilterte, zu häufig unsachliche und respektlose Anspruch auf jegliche Form der Meinungsäußerung. Diese Polarisierung macht mich betroffen.

Als Partner in einem Investmentunternehmen achten meine Kollegen und ich bei neuen Investments darauf, dass die Unternehmen den neuen Anforderungen der EU-Offenlegungsverordnung für nachhaltige Finanzregulierung (Artikel 8 oder Artikel 9 SFDR, Sustainable Finance Disclosure Regulation) entsprechen. Uns ist es wichtig, dass ESG-Initiativen (Environment, Social, Government – ESG-Kriterien als Standard für nachhaltige Anlagen) und Prozesse etabliert sind, alternativ bringen wir sie auf den Weg.

Diese vielen kleinen Aktionen sind schön und gut – doch tragen sie wirklich dazu bei, etwas an unserem Lebensstil zu verändern? Bisher hatte ich nicht den Eindruck, dass ich wirklich etwas Wesentliches bewegen konnte. Selbst wenn Menschen mit ähnlichen Veränderungen beginnen würden, stellt sich die Frage: Wäre das genug? Können wir damit die Welt wirklich vor dem Untergang retten?

Ich dachte sehr lange nein.

Zu Beginn der Coronapandemie bin ich auf das Thema *Impact Investing* gestoßen und war schnell gefangen von diesem Ansatz. Ich habe Bücher dazu verschlungen, Fallbeispiele studiert sowie Menschen gesucht (und gefunden!), die sich der Idee bereits angeschlossen haben. Durch sie habe ich viel über den Ansatz gelernt und bereits nach kurzer Zeit den Eindruck gewonnen, dass sich mit Impact Investing etwas bewegen lässt (zur detaillierten Begriffs- und Themenklärung siehe Kapitel 3).

In meinem Beruf habe ich Zugang zu vielen Unternehmensgründern. Anstatt nur über mein früheres Lieblingsthema der digitalen Geschäftsmodelle zu diskutieren, versuche ich nun, vor allem junge Menschen und Gründer von der Idee des Impact-Unternehmers zu überzeugen. Eine ganzheitlichere Sichtweise, um unsere Welt mit nachweisbaren Veränderungen ein Stückchen besser zu machen – ohne dabei die Rentabilität aus den Augen zu verlieren.

Ich konnte meine Partner bei *PRIMEPULSE* überzeugen, dass wir unser Unternehmen an der Idee des Impact Investing neu ausrichten und damit unsere Invest-Strategien deutlich anpassen. Dadurch habe ich nicht nur das Gefühl, nun wirklich etwas bewegen zu können, sondern auch Antworten auf die verschiedenen Kreise meines Unbehagens gefunden zu haben: unsere Umwelt, Anpassungen an unserem Wirtschaftssystem sowie eine integrierte neue Sichtweise auf unsere Gesellschaft und Ökosysteme.

Mein Ziel ist es, mit diesem Buch möglichst vielen Menschen Impact Investing und Impact-Unternehmertum näherzubringen. Ich möchte die inspirierende Idee hinter dem Konzept erläutern, die zugrunde liegenden Prinzipien erklären und letztendlich zeigen, wie jeder mit Impact Investing beginnen kann. Auf meiner bisherigen Reise zu dem Thema habe ich so gut wie keine deutsche Literatur dazu gefunden. Auch im englischsprachigen Raum konnte ich kein Buch entdecken, das in umfassender Form die konzeptionelle Idee und die Auswirkungen auf die verschiedenen Stakeholder beschreibt.

Mein Versprechen an Sie als Leser ist, dass ich Ihnen einen kompakten Überblick über die wichtigsten Facetten des Impact Investing und Impact-Unternehmertums vermittle. Gleichzeitig werde ich die aktuellen Frameworks und Praxiskonzepte für Sie skizzieren, damit Sie das Gelesene direkt anwenden können. Damit ist dieses Buch der ideale Startpunkt für Manager, Gründer, Unternehmer, Investoren, Anleger und alle, die in aktiver Form in unsere gemeinsame Zukunft investieren möchten. Denn es baut eine Brücke vom abstrakten *Warum und wofür* zum konkreten Handeln im Hier und Jetzt.

Von dem inspirierenden Ansatz und dem neuen integrierten Verständnis zum Zusammenwirken der Marktteilnehmer und Mitarbeiter in den Unternehmen kann jeder wirtschaftlich Interessierte profitieren.

Wie ist das Buch aufgebaut?

Dieses Buch ist in drei Teile gegliedert. **Teil 1** beleuchtet das Thema Impact Investing und Impact-Unternehmertum systematisch aus verschiedenen Perspektiven und schafft damit aus vielen bereits bekannten Fakten eine neue integrierte Sichtweise. **Teil 2** stellt konkrete praktische Sammlungen zu Frameworks und Vorgehensweisen zur Umsetzung von Impact-Initiativen in Unternehmen vor. **Teil 3** liefert zusätzliche Motivation, um schnellstmöglich mit der Anwendung zu beginnen und auch die Unentschlossenen und Skeptiker mit weiteren Argumenten dazu zu bewegen, etwas zu verändern.

Die Kapitel im Überblick

Die Ausgangslage scheint beklemmend: Die Klimakrise ist greifbar und die Zeit rennt uns davon. Gleichzeitig will jedoch keiner seinen Wohlstand gefährden, bevor »die anderen« nicht den Anfang machen. In **Kapitel 1** wird im Detail verdeutlicht, warum Politik, Staaten, Staatsformen, unsere Wirtschaftssysteme, aber auch die verschiedenen Gesellschaftssysteme weltweit keine Antwort auf die Frage haben, was jetzt konkret zu tun ist, um unseren Planeten über die nächsten 100 Jahre hinaus bewohnbar (Umwelt) und lebenswert (sozial und gerecht) zu halten.

In **Kapitel 2** geht es um die innovative Kraft von Wirtschaft und Handel. Neben dem ordnenden Rahmen von Politik und Staaten, den vereinenden Kräften von Kultur und Kunst sowie der Neugier von Forschung und Lehre ist es die Kraft von Wirtschaft, Produktion und Handel, die unsere Gesellschaften antreibt.

Der Einfluss und das Zusammenspiel von Wirtschaft ist ein wichtiges Brückenelement zum Erfassen des Effekts, den Impact-Unternehmertum und Impact-Investitionen auf uns alle haben können. In **Kapitel 3** werden daher die Grundzüge von Impact Investing und Impact Entrepreneurship erläutert.

Kapitel 4 beschäftigt sich mit dem Einfluss von Impact-Unternehmertum auf die Anforderungen an Führungskräfte. Der Anspruch des Unternehmers und der reale Einfluss des Unternehmens auf unsere Welt sollten im Einklang stehen. Hier kann jeder in sich selbst hineinhören.

Passt Impact Investing in die Trends unserer Zeit oder arbeiten die Konzepte gegen den aktuellen Zeitgeist? **Kapitel 5** gibt Antworten: Die Verkürzung von Zykluszeiten und schnellere Anpassungen an notwendige Veränderungen setzen sich nicht nur bei der Softwareentwicklung, sondern auch in bisher hierarchisch organisierten Produktionsprozessen durch.

Kapitel 6 gibt einen Überblick über die vielen Versuche der letzten Jahre, die Welt mit Ansätzen wie ESG, Blended Value, Pledge und diversen Charity-Formaten ein wenig besser zu machen. Alle Initiativen haben ihren Sinn und Zweck. Daher sind ein Überblick sowie das Verständnis für diese Ansätze wichtig für die eigenen Aktivitäten.

Kann durch die Vorgehensweisen des Impact Investment tatsächlich ein Mehrwert erreicht werden? Dieser Frage geht **Kapitel 7** mit konkreten Beispielen und einigen grundsätzlichen Überlegungen zur Werttheorie sowie Möglichkeiten zur Produktivitätssteigerung nach.

Kapitel 8 ordnet das Thema Impact Investing auf einer sehr weit gefassten Ebene des Seins ein. Unser aktueller Fokus auf Individualität anstatt auf das Wohlergehen von Gruppen könnte uns auf einen falschen Weg mit zu häufigen Interventionen durch die Politik gebracht haben.

Kapitel 9 öffnet die Tür zu den neuen Möglichkeiten, die uns Impact Investment und Impact-Unternehmertum für den Umbau und die Ergänzung unserer Finanzwelt bringen kann. Social Impact Bonds gibt es zwar schon in einigen Ländern, aber das Potenzial, welches in dem Konzept schlummert, wird bei weitem noch nicht genutzt.

Teil 2 bietet praktische Unterstützung für professionelle und private Anleger sowie Unternehmer. **Kapitel 10** startet mit der Frage, ob ESG-Frameworks eine konkrete Hilfestellung bei der Anlageentscheidung geben können. Dazu werden etablierte Frameworks vorgestellt und bewertet. Zusätzlich wird eine Abgrenzung zwischen Nachhaltigkeitsinvestments und Impact Investing vorbereitet.

In **Kapitel 11** wird die EU-Offenlegungsverordnung vorgestellt und anschließend erläutert, warum der EU hiermit ein großer Wurf gelungen sein könnte, um unsere Wirtschaftswelt dauerhaft in Richtung aktive Nachhaltigkeit und Impact-Unternehmertum zu bewegen.

Wie sehen konkrete Kennzahlen und Beispiele in der Impact-Unternehmerpraxis aus? Gibt es auch bei uns in Europa Unternehmen, die sich bereits auf den Weg in die Impact-Welt gemacht haben? **Kapitel 12** liefert hierfür einige Impulse und verdeutlicht den Praxisbezug mit zahlreichen Beispielen.

In **Kapitel 13** wird der Einfluss von Impact VC-Investoren (Venture Capital) auf das Impact-Ökosystem untersucht. Dafür werden Organisationen vorgestellt, die Gründern dabei helfen, sich in der Impact-Welt zu orientieren. Eine Liste von deutschen und europäischen Impact-Investoren bietet einen Überblick zu regionalen und inhaltlichen Schwerpunkten.

Kapitel 14 untersucht den heute schon vorhandenen Einfluss von philanthropischen Netzwerken, Sozialunternehmern und Charity-Organisationen auf weltweite Entwicklungen. Es wird diskutiert, wie diese Energie in Zukunft auch der Impact-Welt zur Verfügung gestellt werden kann.

Die Schlussgedanken in Teil 3 können zum einen das konkrete Starten von Projekten und Initiativen erleichtern, zugleich sind sie ein Appell an die Toleranz der Skeptiker.

Jedes Konzept hat Schwachpunkte und Angriffsflächen, die uns aber nicht davon abhalten sollen anzufangen. **Kapitel 15** beschäftigt sich mit den Schwächen, Risiken und Einwänden und zeigt auf, wie wir sie erkennen und in Zukunft vermeiden und umgehen können.

Lohnt es sich überhaupt anzufangen? Oder haben wir ohnehin keine Chance mehr, unseren Planeten zu retten, weil die Öl- und Gaslieferanten den steigenden Bedarf durch die wachsende Weltbevölkerung einfach bedienen werden? **Kapitel 16** liefert dazu eine Antwort in Form eines Realitätschecks. Eine Analyse der Zahlenlage hilft, unsere Realität zu erfassen und Chancen für konkretes Handeln zu entdecken.

Die Impact-Idee lässt sich auf andere Bereiche übertragen. Der Ansatz, eine konkrete Wirkung einzufordern, verschafft uns eine neue Perspektive auf Medizin, Bildung und Politik. **Kapitel 17** geht diese Was-wäre-wenn-Szenarien durch.

Kapitel 18 fasst die Inhalte des Buches noch einmal zusammen. Wir brauchen eine chancenorientierte Sichtweise von jedem von uns, um unseren Planeten vor dem Untergang zu bewahren oder zumindest wieder ein wenig besser und lebenswerter zu machen.

Kapitel 19 bietet abschließend Checklisten, Starthilfen und Impulse für einen konkreten Start für Unternehmer, Anleger, Investoren und Konsumenten. Damit gelingt ein Aufbruch in die Impact-Welt für jeden!

In diesem Buch wird aus Gründen der besseren Lesbarkeit das generische Maskulinum verwendet. Weibliche und anderweitige Geschlechteridentitäten sind dabei ausdrücklich mitgemeint.

TEIL 1
Der Schlüssel zur nachhaltigen Veränderung unserer Welt

1 Wer und was könnte uns helfen, den Planeten zu retten?

Für Ungeduldige: Wir müssen etwas tun. Bisher haben Politik, Wissenschaft, Medien und selbst Greta keinen Hebel finden können, einen gemeinsamen Ausgangspunkt festzulegen. Zusätzlich steht der Kapitalismus als unser Wirtschaftssystem in der Kritik. Nach dem Lesen dieses Kapitels sollten die Zusammenhänge zwischen diesen Aspekten klarer sein. Dieses Verständnis ist wichtig, wenn wir einen Startpunkt für die Lösung finden wollen.

Haben die Generationen vor uns jemals diese Dringlichkeit zur Rettung ihres Planeten empfunden? Wir werden heute mit einem sehr konsistenten Bild an Aussagen von Wissenschaftlern, Medien und auch Politikern konfrontiert. Basis all dieser Aussagen sind Erkenntnisse unserer Forschung. Und auch wenn es über die letzten Jahrzehnte fast nicht möglich erschien: Es herrscht Einigkeit zum Thema Klimawandel. Ernst zu nehmende Gegenstimmen gibt es quasi nicht mehr.

Auf Basis dieser seltenen Einstimmigkeit der Wissenschaft haben sich Staaten, Politik, Medien, Kirchen und Non-Profit-Organisationen der faktischen Realität angeschlossen und den Klimawandel zur Grundlage ihrer Aktivitäten und Handlungsfelder gemacht. Genau das ist der Punkt, ab dem es kompliziert wird.

Wir sind uns zwar einig über die Existenz des menschengemachten Klimawandels sowie über eine Reihe der nun unausweichlich anstehenden Auswirkungen. Doch die Konsequenzen, die wir als Interessenvertretung, Individuum oder Gesellschaft daraus für unser tägliches Handeln ableiten, sind sehr verschieden.

Die Bandbreite der Lösungsmöglichkeiten ist davon abhängig, ob wir global, national, lokal oder individuell auf die notwendigen Veränderungen schauen:
- Geo- und machtpolitisch betrachtet ist die potenzielle Veränderung für die westlichen Länder am größten: Sollen vor allem wir als Bürger der Wohlstandsstaaten unsere aktuelle Position der wirtschaftlichen Stärke aufgeben, indem wir jedem Menschen ab sofort denselben ökologischen Fußabdruck (CO_2-Emissionen, Wasser und generell Ressourcen) zubilligen? Sind wir diejenigen, die sich massiv und einschneidend verändern müssen – die Menschen in weniger entwickelten Ländern jedoch so gut wie gar nicht?
- Welche politischen Kompromisse sind erforderlich, wenn wir anderen Staaten Entwicklungen nicht mehr verweigern, die wir selbst in Anspruch genommen haben? Wird das System gerechter und besser, wenn »wir aus dem Westen« den

weniger entwickelten Wirtschaftsräumen großzügig das Durchleben von Konsumrauschphasen »gönnen«?

- Schaut man landespolitisch auf das Thema, rücken Umverteilungen bei Arbeitsverhältnissen in den Mittelpunkt: Wie sieht es mit der Verteilung der Veränderungsnotwendigkeit innerhalb unseres Landes aus? Was machen wir mit erwerbslosen Arbeitern aus dem Kohle-/Energiekreislauf, was mit den Fleischproduzenten und den in dieser Industrie tätigen Menschen und deren abhängigen Familien?
- Andere Aspekte werden wichtig, wenn jeder für sich selbst auf potenzielle Veränderungen und Auswirkungen schaut: Was ist mit der nächsten Urlaubsreise im Flugzeug, dem Konsum von Bananen, Kaffee oder dem Kauf eines dritten T-Shirts innerhalb eines Monats? Was ist mit der Fahrt in einem bequemen und sicheren SUV zum Kindergarten?

Die logische Konsequenz bei einem Problem dieser weltumspannenden Dimension und dieser unterschiedlichen Interessenlagen haben wir in den letzten 30 Jahren gesehen: Wir diskutierten ab und zu mal auf Konferenzen, einige Propheten tauchen auf und verschwinden wieder. Aber persönlich ändern mussten wir zum Glück nichts.

Spieltheorie und Wissenschaft haben zutiefst menschliche Erklärungen für unser kollektives Versagen als Individuen zur Hand:

- Aufgrund des europäischen, umfassenden Datenschutzes besteht eine Anonymität in großen Lebensbereichen. Diese und unsere vielen Rechte als Bürger verhindern effizient, dass uns unser Staat zu einem Leben mit geringerem ökologischem Fußabdruck zwingen oder überreden kann. Die Allgemeinheit weiß nicht, wann wir das letzte Mal in den Flieger gestiegen sind, und keiner überwacht die Sinnhaftigkeiten unserer Mobilitäts- oder Essgewohnheiten. Und ja: Wir können letztlich dankbar sein, in einem solchen gesellschaftlichen System leben zu dürfen.
- Wir sind nicht fähig, unsere Umwelt in ihrer Komplexität wahrzunehmen und zugehörige Abhängigkeiten zu erkennen oder zu verarbeiten. Das stellt einen weiteren Grund dar, der uns daran hindert, pfleglich mit ihr umzugehen. Allmende Systeme, also die Bewirtschaftung von Wäldern zur Holznutzung, Fischereigebieten oder die gemeinsame Nutzung von Wasserquellen, funktionieren immer nur in nicht anonymen, kleineren Gruppen mit engen Beziehungen und in (Teil-)Systemen mit geringer Komplexität (*Tragedy of the Commons*).

Diese Erläuterungen rütteln aber nicht an der Tatsache, dass wir etwas ändern müssen. Denn nach 30 Jahren Nichtstun[1] sind die Auswirkungen von Umweltverschmutzung und globaler Ausbeutung in unserem Alltag konkret und unübersehbar angekommen: mit Plastik in unseren Meeren und Flüssen, Unwettern vor unserer Haustür und sich häufenden Nachrichten über die bereits überschrittenen Kipppunkte.

1.1   Helfen uns Politik, Medien oder Wissenschaft?

Wissenschaftler als Berater der Politik haben ihren Job nach eigenem Bekunden erledigt, wenn sie uns auf die Zusammenhänge hingewiesen haben. Auf die Wissenschaftler als Lösungslieferanten brauchen wir daher nicht zu hoffen. Gleiches gilt für die Politiker, denn leider passt dieses Problem kaum in die politischen Strukturen. Schließlich hat ein Politiker – egal von welcher Partei – nur ein Mandat bis zur nächsten Wahl. Doch die Probleme, denen wir uns gegenübersehen, sind viel zu groß und bedürfen einer kontinuierlichen sowie konsistenten Handlungsfolge von Jahrzehnten.

Schon bei global gesehen kleinen Teilaufgaben gibt es keine klaren Handlungsstränge und Ergebnisse für uns als Verbraucher. Sollen wir von Verbrennerautos auf batteriebetriebene Elektromobilität umsteigen oder besser nicht? Gibt es ein klares Ergebnis nach Abwägen aller Vor- und Nachteile?

Beispiel Elektromobilität

Die Wissenschaft ist sich im Detail uneinig, ob ein Elektrofahrzeug mit Batterie einen geringeren ökologischen Fußabdruck hat als ein Verbrennerauto. Für normale Bürger ist es extrem schwer zu entscheiden, aus welchen Gründen welcher Wissenschaftler, Politiker oder Journalist welches Thema treibt. Aus persönlicher Überzeugung? Lobbyarbeit? Wer bezahlt wen? Welche Aspekte stehen im Vordergrund? Aus volkswirtschaftlicher Sicht ist es für den deutschen Wohlstand extrem wichtig, dass unsere Automobilindustrie sich transformiert und wettbewerbsfähig bleibt. Will ein Politiker Arbeitsplätze in seinem Wahlkreis retten? Will das Magazin nur eine aufmerksamkeitsheischende Überschrift für die Auflage oder Clickbait?

Diese Gruppe aus Politik, Wissenschaft und Medien, die normalerweise die sichtbare Anpassungsarbeit an eine sich verändernde Welt leistet, scheint mit der Erstellung und Umsetzung eines globalen Masterplanes zur Rettung unseres Planeten tatsächlich überfordert zu sein. Auf wessen Hilfe können wir also hoffen?

1.2   Kann unser Wirtschaftssystem – der Kapitalismus – helfen?

Die Grundlage unseres Wirtschaftssystems – der Kapitalismus – stand in den letzten Jahren zunehmend in der öffentlichen Kritik, weil er für Ungleichheit und Ungerechtigkeit verantwortlich gemacht wird.

Grundlegend am Konzept des Kapitalismus ist, dass er unsere Sichtweise auf die Zeit ordnet. Im Kapitalismus leben sowohl die Unternehmer als auch die Konsumenten in der Zukunft: Die Unternehmer erwarten durch ein neues Produkt, eine Investition oder eine neue Technologie eine höhere Rendite, während die Konsumenten von der zukünftigen Erfüllung ihrer Wünsche träumen. Das Konzept des Kapitalismus zwingt uns sozusagen dazu, uns ständig mit einer unbekannten Zukunft auseinanderzusetzen. In anderen Kulturen, etwa in China, ist hingegen ein Bezug zur Vergangenheit vorherrschend, bei einer Reihe von Naturvölkern stattdessen der Bezug auf die Kreisläufe der Natur. Ob der Kapitalismus in Hinblick auf unseren zeitlichen Kulturbezug Ursache oder Wirkung ist, bleibt vorerst offen. Fest steht: Er ist in jedem Fall untrennbar mit unserem zeitlichen Kulturkonzept in westlichen Kulturen verbunden.[2]

Ebenfalls wesentlich für den Kapitalismus erscheint seine Funktion als soziologisches Kommunikationskonzept und damit Spiegel unserer Gesellschaft. Die Kapitalismuskritiken der letzten Jahre und die Wortschöpfung *Turbokapitalismus* stellen damit letztlich keine Beanstandung am Konzept des Kapitalismus, sondern vielmehr gesellschaftskritische Anmerkungen zu Auswüchsen in unserem Sozialgefüge dar. Sie können daher auch nur auf dieser Ebene behoben werden. Kapitalismus ist damit ein Konstrukt, das auf Basis von Vertrauen Werte erzeugt und vernichtet. Es gibt überhaupt nichts auf diesem Planeten, das einen Wert hat, den wir Menschen nicht rein über Kommunikation untereinander bestimmen. Es gibt auch keine echten langfristigen Wertespeicher, die einen realen Wert an sich haben.

Die Suche nach einer Veränderung von Parametern innerhalb des Kapitalismus erscheint daher erheblich erfolgversprechender zu sein, um die aktuellen Herausforderungen zu lösen, als die Suche nach einer vollständigen Systemalternative. Das rückt Investoren und Unternehmer sowie die konkreten Ziele, die diese Menschen verfolgen, in den Blickpunkt für mögliche Lösungsszenarien.

1.3   Was genau wollen wir retten? Was sind unsere Ziele, unser Fokus?

Fest steht, dass wir als Menschen gerade dabei sind, unseren Planeten zu zerstören. Die üblichen Protagonisten für Veränderungsprozesse (Politiker, Wissenschaftler und unsere Medien) sind in ihren Logiken gefangen und finden keinen Fokus, der uns zu einem gemeinschaftlichen Rettungsplan führt.

Unser Wirtschaftssystem steht in der Kritik, soziale Ungleichheit zu fördern, anstatt sie zu lindern. Über diese Aspekte hinaus gibt es weitere Herausforderungen in unserer globalen Gemeinschaft: Armut, Hunger, Gesundheit und Wohlergehen, hochwertige Bildung, Geschlechtergleichheit, menschenwürdige Arbeit sowie Frieden.

Alle diese Herausforderungen sind für unsere Weltgemeinschaft in der UN-Agenda 2030 für nachhaltige Entwicklung mit 17 konkreten Zielen definiert. Einige von ihnen beschäftigen sich mit der Verbesserung von Umweltbedingungen durch nachhaltiges Handeln und Wirtschaften. Die Ziele ergeben ein großes Ganzes – es gibt dabei keine wichtigen und unwichtigen Punkte. Eine Auflistung dieser Ziele ist in Abbildung 1[3] zu finden.

Abb. 1: 17 Ziele für nachhaltige Entwicklung der UN-Agenda 2030

Wenn wir uns vor Augen führen, wie kompliziert die Einigung auf eine einheitliche Vorgehensweise zum Beispiel bei der Elektromobilität ist, dann können wir den wahren Wert dieser auf UN-Ebene erreichten Einigung auf 17 Ziele für unseren Planeten besser würdigen und verstehen. Sicherlich wird es komplizierter, wenn man weiter ins Detail geht, aber wir haben als Menschheit ein gemeinsames Verständnis entwickelt, an welchen Themenblöcken wir arbeiten wollen.

Ja, unsere üblichen Methoden der Gesellschaft auf Basis von Politik, Wissenschaft und Medien scheinen zu versagen oder zumindest mehr Zeit zu benötigen, als wir bis zur unwiederbringlichen Verwüstung des Planeten Erde haben. Deshalb ist dieser Konsens so enorm wichtig und stellt für die nächsten Jahre die Basis für alle anzugehenden Veränderungen bereit. Er ist der gemeinsame Kommunikationsanker, über den wir nicht mehr diskutieren müssen und der unsere Einigkeit darüber zeigt, dass wir eine Veränderung auf all diesen Ebenen benötigen. Dabei geht es um mehr als die Zerstörung von Ökosystemen, die wir in Zukunft aufhalten müssen. Es geht auch darum, wie wir Menschen miteinander umgehen und welchen Respekt wir voreinander haben. Wir müssen uns darüber klar werden, wie stark wir in Zukunft noch auf unsere Rechte zur Individualität pochen wollen oder wie sehr wir künftig andere und deren Belange in unsere Pläne und Vorhaben miteinbeziehen.

Diese 17 Ziele sind für einen Rettungsplan von wesentlicher Bedeutung, denn auf ihnen bauen wir die weiteren Anpassungen für Veränderungen auf. Gleichzeitig sollten wir uns bewusst machen, dass es uns gelungen ist, einen Prozess zu etablieren, um die übergeordneten Ziele in den nächsten Jahrzehnten zu prüfen und gegebenenfalls anzupassen.

Am wichtigsten ist jedoch, dass wir uns auf den Weg machen, diese Ziele umzusetzen. Jeden Tag. Jeder von uns. Denn wenn wir unseren Planeten erhalten und menschenwürdig gestalten wollen, ist der Aufbruch zu gemeinsamem Handeln und eine gemeinsame Sichtweise zwischen allen Staaten wichtiger als ein Detail in einer der Formulierungen und Priorisierungen.

Zusammenfassung

Unser Wirtschaftssystem und die 17 UN-Nachhaltigkeitsziele können uns helfen, unseren Planeten zu retten. Die Kritik am Kapitalismus lässt sich überwinden, wenn wir soziologisch die Auswirkungen des *Turbokapitalismus* in den Griff bekommen. Hierfür müssen die Spieler (Investoren, Kleinanleger und Unternehmer) anders motiviert und aufgestellt werden. Die vorhandenen 17 UN-Nachhaltigkeitsziele sind als inhaltliche Ziele bestens geeignet und sollten als Basis von uns herangezogen werden.

2 Warum können Unternehmer und Investoren mehr bewegen?

Für Ungeduldige: *Wirtschaft und technologische Innovation sind der letztlich unterschätzte Motor für Macht und Gesellschaft. Die Kern-Player der Wirtschaftswelt sind Unternehmer, Investoren, Kleinanleger und Konsumenten. Wie genau arbeiten Investoren und Unternehmer zusammen, um neue Innovationen in den Markt zu bringen? Was ist die Rolle von Investoren und Unternehmern in unserer Gesellschaft und wie kann die Politik Einfluss auf Investoren und Unternehmer nehmen? Mit Beispielen aus der Geschichte werden die Zusammenhänge erläutert.*

Bevor wir uns damit beschäftigen, wie Unternehmer und Investoren unserer Gesellschaft zu einer nachhaltigeren Zukunft verhelfen können, sollten wir uns deren Rollen und Selbstverständnis näher anschauen. In der Volkwirtschaft sind Unternehmer neben Arbeit, Kapital und Boden ein weiterer Produktionsfaktor, der die planende und organisierende Leistung einbringt. Der Unternehmer erkennt Chancen im wirtschaftlichen Gefüge, übernimmt Risiken und ordnet sowie strukturiert die verschiedenen Teilnehmer sowie Produktionsfaktoren. Das Ergebnis seiner Arbeit ist die Unternehmerleistung, der Gewinn.

Joseph Schumpeter hat seine Wirtschaftstheorie im Jahr 1911 zentral auf dem innovativen Unternehmer[4] aufgebaut. Dieser gestaltet, trägt Risiken und übernimmt Verantwortung gegenüber Arbeitnehmern, Lieferanten und Kunden. In der Betriebswirtschaftslehre stehen das Aufstellen von Plänen und Zielvorgaben, alle Handlungen zum Erreichen und Überprüfen dieser Ziele und die Übernahme der Wagnisse zur Erreichung dieser Ziele im Vordergrund. Häufig übernimmt der Unternehmer diese Rolle, weil er Anteilseigner an der Unternehmung ist. Wenn der Unternehmer mehr Geld benötigt, als er selbst einbringen kann, kommt ein Investor ins Spiel. Ein oder mehrere Investoren stellen Kapital zur Verfügung, wobei Unternehmer und Investoren in diesem Umfeld die Ziele der Unternehmung gemeinsam festlegen. Diese Ziele umfassen deutlich mehr als reine Finanz- und Gewinnabsichten.

Die Dimensionen dieses Zusammenspiels können sehr unterschiedlich sein. Gewerbetreibende, Vermieter, Freiberufler oder Landwirte sind spezielle Formen von Unternehmern, die durch ihre stärkeren Regeln im Marktumfeld Kapital in gewissem Umfang als Kredit von einer Bank und nicht als Eigenkapital von einem Investor erhalten können. Allen gemeinsam ist aber, dass sie als Unternehmer weitere Ziele neben der Erreichung eines Gewinnes in ihre Pläne aufnehmen können und diese dann im Alltag umsetzen.

2.1   Das andere Bild des Unternehmers

In der Öffentlichkeit gibt es häufig eine andere Wahrnehmung von Unternehmern. Demnach sind Unternehmer Menschen, die ihre Mahlzeiten und ihre Autos von der Steuer absetzen können und ausgetragen auf dem Rücken von Arbeitnehmern Boote und tolle Feriendomizile besitzen.

Diese Ansichten sollte man nicht mit einem einfachen Verweis auf Neid abtun. Der Großteil der Menschen muss für Status und Errungenschaften ja etwas leisten. Doch die notwendigen Risiken, die ein Mensch eingegangen ist, um einen bestimmten Punkt zu erreichen, scheinen nicht gesehen zu werden. Ebenso die vorangegangenen Aktivitäten und Entscheidungen, die meistens nicht das Ergebnis eines Zufalls sind. In Deutschland scheint es ein kulturelles Problem mit der Übernahme von Verantwortung und Risiken zu geben. Menschen, die sich reibungslos in ihren jeweiligen Systemen einfügen, mitspielen und in ihrem Beruf, in ihren Freizeitaktivitäten oder in ihrem sozialen Umfeld funktionieren, werden höher geschätzt als Personen, die mit innovativen Ideen etwas bewegen wollen und Risiken eingehen.

Entrepreneure, die im Stillen einen Weg finden, ein seriöses Unternehmen aufzubauen, werden höher geschätzt als die »Spinner«, die die Welt erobern und verändern wollen. Und weil wir hier in Deutschland so wenige laute Unternehmer haben, fallen vor allem die vermeintlichen Ungerechtigkeiten bei Firmenautos oder dem Mittagessen auf Firmenkosten ins Gewicht. Wo Medien in den USA versuchen, Elon Musk oder Jeff Bezos als Gäste in eine Fernsehshow zu bekommen, sehen wir Wolfgang Grupp (*TRIGEMA* und der Werbeaffe) als Vertreter für heimisches Unternehmertum. Eine weitere wichtige Rolle in unserem Wirtschaftssystem nehmen die Investoren ein.

2.2   Von Investoren haben wir eine sehr unspezifische Vorstellung

Der Investorbegriff ist in unserem Sprachgebrauch letztlich sehr unspezifisch. Dahinter kann sich der Kleinanleger verbergen, der einen Teil der Altersvorsorge in Aktien investiert, oder auch die nur an Rendite interessierte »Heuschrecke«.

Private Equity – Hilfe, die Heuschrecken kommen!

Im Jahr 2005 hat Franz Müntefering Private-Equity-Gesellschaften erstmals in einem Interview mit der Bild am Sonntag als »Heuschrecken« bezeichnet, da das Verhalten mancher Private-Equity-Gesellschaften dem von Heuschreckenschwärmen gleiche, weil sie über Unternehmen herfielen, diese kahlfräßen und dann weiterzögen.

Es ging damals um das deutsche Angstthema »Arbeitsplätze«, weil aus Kostengründen Stellen gestrichen wurden. Auch die Korrektur, dass nur wenige PE-Gesellschaften so vorgehen, konnte für Jahrzehnte nichts am Ruf der Branche ändern.

Ähnlich wie die verschiedenen Arten von Unternehmern gibt es Investoren, die mehr oder auch weniger Risiken auf sich nehmen. Wenn diese besonders groß werden, ist es sinnvoll, sie über Fondskonstrukte zusammenzuführen und damit auf viele zu verteilen. Daher werden Investments in Start-ups vor allem über VC-Fonds (Venture Capital, dt. Risikokapital) getätigt, weil so das deutlich höhere Ausfallrisiko eines einzelnen Unternehmens erheblich reduziert bzw. kompensiert werden kann.

Auch Kleinanleger, die ihre Investitionen über Versicherungen, Fonds oder ETFs (Exchange-Traded Fund) bündeln, sind Investoren, denn sie übernehmen Chancen und Risiken der Unternehmen, in die sie zum Beispiel ihre Altersvorsorge investieren. Ebenfalls nicht ersichtlich bei der Verwendung des Begriffes Investor ist, ob das eingesetzte Geld eigenes Geld des Investors ist oder das Geld von eben jenen Anlegern, die über eine Fondslogik zusammengefasst werden.

Aber all die verschiedenen Funktionen und Rollen eines Investors haben gesamtwirtschaftlich einen Sinn: Es spricht für Ineffizienzen oder andere Probleme, wenn ein Unternehmen so hohe Kosten hat, dass kein Gewinn erwirtschaftet werden kann. Ob die Ursachen für eine solche Situation durch den Unternehmer, das Management oder eine Konstellation aus Anteilseignern und Managern zu verantworten sind, spielt letztlich keine Rolle. Für einen neuen Anteilseigner ist es eine Option, die Kostenstruktur zu optimieren – durch Reduktion von Personal oder andere Maßnahmen. Darauf spezialisierte Private-Equity-(PE)-Investoren haben die Kompetenz und die Prozesse, um solche Ineffizienzen aufzulösen.

So übernehmen alle Investoren hochspezifische Aufgaben in unserem Wirtschaftssystem. VC-Investoren (also Investoren in Start-ups) oder Wachstumsinvestoren können gemeinsam mit herausragenden Unternehmern echte Innovationssprünge ermöglichen, weil sie sich darauf einlassen, Risiken zu teilen und gemeinsam von den Chancen überzeugt sind. In gemeinsamer Form können effektive Unternehmer-/Investorenverbünde besondere Werte entwickeln und schaffen. Aber nicht nur auf der Kostenseite gibt es Gestaltungsmöglichkeiten. Innovationen sind ein weiterer wesentlicher Treiber für wirtschaftliches Handeln.

2.3 Innovation, Wirtschaft und Handel als Motor für Geschichte

Im Geschichtsunterricht lernen wir Zusammenhänge vor allem auf Basis der Machtverhältnisse. Römische Kaiser, Politik, Eroberungen. Das Mittelalter mit fragmentierten Strukturen, einer Kirche, die sich Einfluss verschafft und Kaiser inthroniert oder die Französische Revolution, die uns den privaten Besitz und das Zeitalter der Aufklärung mit einem Erstarken des Individuums als Zentrum der Welt gebracht hat. Untergeordnet geht es auch um die Erfindung des Schießpulvers und des Buchdruckes. Aber nur selten werden im Geschichtsverständnis die Kraft und der Einfallsreichtum wirtschaftlich unternehmerischen Handelns erwähnt.

Schon vor 5000 Jahren haben die Sumerer die Schrift erfunden, um Schulden des Gerstengeldes (Sila) zu dokumentieren[5]. Schrift ist also wahrscheinlich aus wirtschaftlichen Gründen erfunden und eingeführt worden – nicht aus romantischen Motiven.

Italienische Kaufleute (um 1400 n. Chr.) haben die doppelte Buchhaltung erfunden, um Warenflüsse nachvollziehen zu können[6]. Außerdem haben sie Wechsel als Zahlungs- und Kreditmittel eingeführt, damit sie Waren in fremden Häfen ohne den aufwendigen Transport von Münzen aus der Ferne umschlagen konnten. Aus diesen Geschäften sind Banken entstanden. Diese haben in den folgenden Jahrhunderten die Finanzierung von Fürsten sowie Monarchen ermöglicht und damit Machtstrukturen etabliert.

Auch wenn sich die Entwicklungen aus dem Zeitalter der Aufklärung bestimmt nicht hätten aufhalten lassen, so ist auch bei der Französischen Revolution ein wesentlicher wirtschaftlicher Aspekt im Spiel: Ludwig XVI. war faktisch zahlungsunfähig und konnte daher die Aufstände 1789 nicht niederstrecken[7].

Dies sollen nur einige Beispiele dafür sein, dass Geschichte von den Gewinnern der Macht geschrieben wird. Aber in der Regel gibt es noch eine parallele Geschichte zur Finanzierung und damit dem Ermöglichen von Macht. Diese ist entweder einfach über Beutezüge zur Finanzierung der staatlichen Macht (römisches Reich) organisiert oder eben ein wenig komplexer, wenn wir uns die *East India Company*[8] und den Aufstieg und Verfall der niederländischen und englischen Reiche anschauen[9]. In vielen Fällen stecken hinter der Geschichte von Imperien, Dynastien und prunkvollen Gebäuden wirtschaftliche Zusammenhänge und Systeme, die diese Macht ermöglicht haben.

Über diese Zusammenhänge der wirtschaftlichen Aktivitäten als Motor von Macht und Geschichte wird zu wenig gesprochen. Handel, Innovation und Wirtschaft ermöglichen letztlich unsere menschliche Entwicklung.

Parallel zum Handel haben wir durch Innovation und technischen Fortschritt unsere Kommunikationsfähigkeiten massiv entwickelt und damit ein Handeln über größere Entfernungen ermöglicht. Waren lange Zeit Briefe, übermittelt durch Reiter oder Tauben, die schnellste Form der Kommunikation, so haben wir Echtzeitkommunikation, wie heutzutage im Internet, letztlich schon seit dem Jahr 1870[10]. Denn seit diesem Zeitpunkt haben Aktiengesellschaften Geld eingesammelt und weltumspannende Morsetelegrafenstrecken etabliert. Die Beschränkung bis zur Einführung des Internets war also die Bandbreite und die Exklusivität in der Nutzung, aber nicht die Möglichkeit zum Einsatz durch einzelne.

Es ist der Entwicklung von Kommunikationstechnik zu verdanken, dass wir ein Netz von Macht-, Staats- und Wirtschaftsorganisationen haben, die mit Zuständigkeiten und Kommunikationsprotokollen das Zusammenleben von acht Milliarden Menschen auf diesem Planeten ermöglichen. Ohne eine UN mit ihren Statuten, ohne Botschaften mit den Protokollen der Diplomatie, ohne Handelsdelegationen mit ihren Empfängen, ohne Handelskammern oder ohne Universitäten, die ausländische Studenten willkommen heißen – ohne all diese Institutionen gäbe es kein friedvolles Zusammenleben. Wir brauchen Kommunikationstechnik, Institutionen und Protokolle, um an andere Kulturen, Eigenheiten und Gemeinschaften ankoppeln zu können.

2.4   Wir brauchen Innovation und Veränderung zur Rettung unserer Erde!

Um die Rettung unseres Planeten zu ermöglichen, benötigen wir mehr Freiräume für Innovation und nicht mehr Regeln und Vorgaben durch Politik und Gesetzgeber. Wenn wir Klimaziele und die UN-Ziele mit einem regulatorischen Rahmen angehen, wie wir es bei der Energiewende versucht haben, wird das gesamte Vorhaben scheitern.

Negativbeispiel: Energiewende/EEG (Erneuerbare-Energien-Gesetz)

Markt und Innovation entstehen nicht, wenn Beamte versuchen, die reine Erzeugung von Sonnen- und Windenergie finanziert über eine EEG-Umlage zu fördern. Denn die eigentliche Aufgabe besteht in der Lösung des Problems, wie wir die neue nachhaltige Energie bedarfsgerecht konsumieren können, obwohl wir die Energie mit Sonne und Wind eben nicht bedarfsgerecht erzeugen können. Mit diesem Ansatz haben wir viele Milliarden Euro unserer knappen Ressourcen als Gemeinschaft verschwendet, anstatt über Anreize für die dezentrale Erzeugung mit einer intelligenten Speicherung für möglichst autarke Energiezellen zu sorgen – also den zur heute üblichen Form gegenteiligen Anreiz zu setzen, möglichst wenig Energie über große Strecken zu transportieren.

Technische Innovationen, Unternehmer und Kapital von Investoren können in diesem Bereich deutlich mehr leisten, wenn wir es ihnen zutrauen und ihnen durch Schaffung geeigneter Rahmenbedingungen die Möglichkeiten dafür geben.

Und bei diesen Möglichkeiten geht es nicht um die gute deutsche Lobbylogik von Industriemanagern (nicht Unternehmern!), dass wir uns die Elektrotankstellen für unsere viel zu spät und nur halbherzig entwickelten Elektromobile am besten vom Staat und der EU finanzieren lassen, damit wir wieder ein Problem los sind und nicht kooperieren und nachdenken müssen.

Im Spiegel der Gesellschaft geht es vielmehr darum, ob wir Unternehmer und Investoren als positive und notwendige Kraft ansehen, die Veränderungen auf Basis von technischen Innovationen gestaltet, indem sie Risiken auf sich nehmen und diese managen.

Wenn wir das bejahen, dann sollten wir parallel dazu Anreize für neue Gedanken, Ideen und Innovationen geben und kein Regelwerk erschaffen, dass so eng am heutigen Status quo anliegt, dass sich die herausragendsten Köpfe unserer Republik lieber um andere Herausforderungen kümmern. Im nächsten Kapitel werden wir untersuchen, ob und wie wir mit neuen Investitionskonzepten diese Köpfe dazu bewegen können, unsere Welt wieder ein wenig besser zu machen.

Zusammenfassung

Investoren und Unternehmer bringen Innovationen in den Markt und sind damit der Motor für Veränderungen. Gesellschaft und Politik können nur Geld verwalten, das im Wirtschaftssystem geschaffen wurde. Das zumeist schlechte Image von Investoren und Unternehmern basiert vor allem auf der mangelnden Honorierung der eingegangenen Risiken in unserem gut abgesicherten Wohlfahrtsstaat. Die Politik kann Anreize und Impulse setzen, um Innovationen und Wirtschaft in die gewünschte Richtung zu lenken.

3 Was genau ist Impact Investing und Impact-Unternehmertum?

Für Ungeduldige: Das Setzen von Anreizen bei wirtschaftlichen und nachhaltigen Zielen über ein einheitliches Messsystem ist die Kernidee hinter Impact Investing. Die nachvollziehbare Nachweiskette bis hin zur konkreten Auswirkung auf das Sozial- und Ökosystem ist ein weiterer wesentlicher Bestandteil. Die Abgrenzung zur ESG-Logik ist wichtig und wird erläutert. Es werden mehrere Konzepte zur Organisation der Nachvollziehbarkeit von Impact vorgestellt.

Die Grundthese von Impact Investing (wirkungsorientiertes Investieren) besteht darin, dass ein Unternehmen sich als fest verankertes Ziel die Verbesserung eines oder mehrerer Parameter aus dem Bereich ESG (Environmental, Social, Governance, dt. Umwelt, Soziales, Unternehmensführung) und Nachhaltigkeit vornimmt sowie umsetzt. Das Unternehmen erhält damit neben dem Selbstzweck des Geldverdienens zusätzlich einen sinnstiftenden Existenzgrund durch die konkrete Verbesserung eines ESG- oder Nachhaltigkeitsaspektes. Die Ziele sollten neben einer umfassenden Vision auch eindeutig formulierte, messbare Veränderungen in Form von Kennzahlen beinhalten. So sind allgemeine Ziele wie »die Förderung der Elektromobilität« oder »die Verringerung des CO_2-Ausstoßes« nicht ausreichend konkret. Greifbar hingegen sind beispielhaft Ziele wie der Aufbau einer bestimmten Anzahl von Ladesäulen oder die Reduktion des CO_2-Ausstoßes um eine bestimmte Anzahl von kg pro Haushalt und Monat. Die wesentliche Idee beim Impact Investing ist, die Nachhaltigkeitsziele vorher festzulegen, sie in einen klaren, quantitativen Plan mit verbindlichen, nachvollziehbaren Verbesserungen von Kennzahlen zu fassen und sie dann – wie andere Unternehmenskennzahlen – regelmäßig nachzuverfolgen und nachzusteuern. Die Verbesserung der Welt wird also durch verständliche und transparente Zahlen in den Unternehmensalltag integriert und analog zu anderen Leistungskennzahlen des Unternehmens überprüft sowie verfeinert.

Die Unternehmen berichten damit neben reinen Finanzzielen wie Umsatz und EBIT (Earnings Before Interest and Taxes, dt.: Gewinn vor Zinsen und Steuern) weitere KPIs (Key Performance Indicators, dt. Leistungskennzahlen) aus dem Nachhaltigkeitsbereich in konkreter Form und nehmen diese in den wiederkehrenden und kontinuierlichen Planungs- und Steuerungsprozess des gesamten Unternehmens auf. Wir nennen dieses Modell im weiteren *Impact-Logik*.

Beispiel: Stationsgebundener Verleih von Elektrofahrrädern

Die Nutzung von Autos durch Pendler (zur Arbeit oder Uni) erfordert einen hohen Ressourceneinsatz. Parkraum muss am Start- und Zielort vorgehalten werden und ist in Zeiten der Nichtnutzung meist nicht anderweitig verwendbar. Firmen-parkplätze sind oft nur für Mitarbeiter konzipiert, in der Regel ist keine »gesharte« Nutzung – also eine geteilte, auch für nicht Firmenangehörige – möglich. Das Fahrzeug selbst kann beim Pendlereinsatz mit täglicher Nutzung nicht von anderen Fahrern für andere Situationen eingesetzt werden.

Der Einsatz von gesharten Ressourcen für Pendler bietet demgegenüber erhebliche Ressourceneinsparungen (Fahrzeug, Parkraum). Zudem ist der CO_2-Ausstoß bei der Alternative Elektrofahrrad geringer als bei der Nutzung von Autos (egal ob Verbrenner oder Elektroauto) – wohl wissend, dass nicht jede Distanz mit einem Fahrrad zurückgelegt werden kann.

Zielgrößen für eine KPI-Betrachtung und -Überwachung könnten sein: gefahrene Kilometer (um die CO_2-Einsparung konkret zu bemessen) und Anzahl der Pendler, die das System regelmäßig (mehr als 100-mal im Jahr) nutzen. Daraus lässt sich eine Abschätzung für einsparbaren Parkraum und auch für nicht mehr benötigte Fahrzeuge ableiten.

Die Konzeption von gesharten Fortbewegungsmitteln als stationsgebundener Mobilitätsdienst ermöglicht eine erhebliche Reduktion des Ressourceneinsatzes gegenüber Freefloat-Diensten (weitere Details bei velocitymobility.com).

Wenn wir beim Pendlerthema bleiben, kann jeder einzelne Mitarbeiter in seinem Bereich an den Zielen mitwirken und ist aktiv eingebunden. Jeder kann Vorschläge einbringen, um die KPI auf allen Ebenen ständig zu verbessern. Jeder Mitarbeiter ist damit Teil der aktiven Unterstützung der 17 UN-Ziele. Verbesserung und Optimierung erfolgen nicht nur Top-down über die Planung, sondern durch Feedbackschleifen auch Bottom-up über jeden einzelnen.

Der Raum der möglichen Verbesserungen umfasst konkrete Umsetzungen im Bereich aller 17 UN-Ziele, die in Kapitel 1.3 angesprochen wurden.

Impact – eine Begriffsklärung

Der englische Begriff *Impact* steht nicht nur für *Wirksamkeit*, womit das Tätigkeitsfeld vor allem auf den Bereich der Nachhaltigkeit gelenkt wird. Er bedeutet als Verb auch *beeinflussen*, also eine andauernde Tätigkeit und damit die Übernahme einer Aufgabe. Ein dynamischer Prozess, ein Weg und eben kein statischer Zustand oder ein einmaliges Ergebnis.

3.1 Impact-Investor, Impact Investing und Impact-Unternehmer

Wie kann Impact Investing entstehen? Welche Akteure sind involviert und wie arbeiten sie zusammen? Die Amerikaner haben hierbei bereits einen klaren Fokus auf den Gesamtprozess. Wird im angelsächsischen Sprachraum über Impact Investing gesprochen, steht dabei im Vordergrund, dass Investoren die zur Verfügung stehenden Geldmittel in neue und nachhaltige Investmentopportunitäten einbringen. Eben solche, die nicht nur Finanzziele verfolgen, sondern die Impact-Ziele nachvollziehbar und transparent überprüfen und berichten.

Die Umsetzung der Idee *Impact Investing* kann nicht nur über den *Impact-Investor* erfolgen. Die Impact-Investoren benötigen innerhalb der Unternehmen einen aktiven gleichgerichteten Ansprechpartner, den *Impact-Unternehmer*.

Die Idee und der Prozess des Impact Investing kann nur von Personen, also Impact-Investoren und Impact-Unternehmern, aktiv getrieben und verfolgt werden. Menschen organisieren sich in Gemeinschaften, damit daraus eine weltweite Bewegung entstehen kann. Insofern ist es unverständlich, dass in der Literatur überwiegend über den Prozess des Investierens (Impact Investing) gesprochen wird, obwohl die Personen in ihren spezifischen Rollen die Treiber für den Prozess sind.

Wir benötigen den Impact-Unternehmer zur Entwicklung von innovativen, frischen und neuen Geschäftsideen. Wir benötigen ihn bei der Schaffung neuer Produkte und Services, die den Impact-Gedanken integrieren. Wir brauchen *Entrepreneure*, die Lust darauf haben, weitere Komplexitäten, die sich aus der Impact-Logik ergeben, im Auge zu behalten, auszugleichen und eben zu managen. Der Impact-Investor organisiert das Geld und stellt durch sein Risikoprofil und seine Vorgehensweisen die Weichen und Betätigungsfelder für zukünftige Impact-Unternehmer. Ebenso stellt er einen Teil der Regeln für das Berichtswesen auf und ist in der Lage, Geldströme zu lenken und damit Produktionsmechanismen aufzubauen sowie letztlich neue Märkte zu schaffen.

Für den Prozess des Investierens sind die Rollen des Impact-Investors und Impact-Unternehmers sowie der Prozess des Impact Investing alle gleich relevant, weil es nur in integrativer Form machbar ist, das Impact-Ökosystem positiv weiterzuentwickeln.

Es ist von zentraler Bedeutung, auch die weiteren handelnden Personengruppen, die für den Impact-Investing-Prozess wichtig sind, zu identifizieren und zu unterstützen. Explizit einbeziehen sollten wir Mitarbeiter und Lieferanten sowie Investoren und Anleger. Dabei spielt es keine Rolle, ob es sich um milliardenschwere Fonds oder zweistellige Monatsbudgets von Kleinanlegern handelt. Wichtig ist die Bereitschaft von vielen zur Investition in Impact-Unternehmen, um unsere Nachhaltigkeitsziele aktiv voranzutreiben.

Neben den aktiven Zielen aus der Impact-Logik sollten alle Unternehmen einen Mindeststandard in Bezug auf die Bereiche Umwelt (Environment), gesellschaftliche Aspekte (Social) und verantwortungsvolle Unternehmensführung (Governance) erreichen und umsetzen (ESG).

3.2   Einbindung ESG, Berücksichtigung SFDR und Transparenz mit IOOI

Die Grundidee von **ESG-Frameworks** ist, einen Rahmen zu schaffen, der in einer Querschnittsfunktion viele Aspekte der ESG-Welt umfasst und die Nachhaltigkeit der Aktivitäten eines Unternehmens sichtbar macht. Die meisten ESG-Initiativen und -Frameworks (einen konkreten Überblick liefert Kapitel 10) setzen vor allem Mindeststandards in Bezug auf die Nachhaltigkeitsaspekte. Hier geht es zum Beispiel um Qualifizierungsprozesse für Lieferketten oder Maßnahmen zur Sicherstellung von Equal Pay oder neutralen Personalauswahlprozessen. Abbildung 2 zeigt die drei Dimensionen der ESG-Initiativen. Erst zusammen bilden sie einen Rahmen.

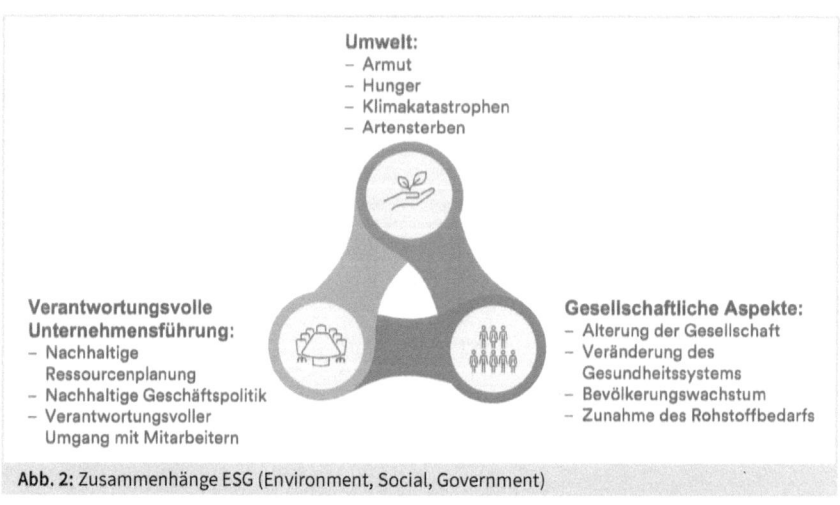

Abb. 2: Zusammenhänge ESG (Environment, Social, Government)

Die Umsetzung eines oder mehrerer ESG-Frameworks ist daher für Impact-Unternehmer unerlässlich. Es ist die Basis, um darauf die spezifische Impact-Logik aufzusetzen und zu entwickeln. ESG-Frameworks folgen in der Regel dem *Do-No-Harm-Ansatz*. Eine Impact-Ausrichtung setzt auf diesen eine zusätzliche *Do-Good-Ebene*, die über KPIs und Berichte aktiv überwacht wird. Man spricht in diesem Zusammenhang auch von *evidenzbasierten Ansätzen* (Details folgen in den Kapiteln 10, 11 und 12).

Für Investoren gibt es mit der **SFDR**[11] (»Sustainable Finance Disclosure Regulation«) eine EU-Verordnung, um die Transparenz zu erhöhen, wie Finanzmarktteilnehmer Nachhaltigkeitsaspekte in ihre Entscheidungen einbinden können (Details siehe Kapitel 11). In der SFDR werden über die Artikel 8 und 9 verschiedene Klassen für ESG- und Impact Investments beschrieben. Vereinfacht gesagt halten sich Unternehmen, die Artikel 8 genügen, an die durch die SFDR vorgegebenen Mindeststandards. Gemäß Artikel 9 müssen dann aktive Impact-Ziele mit einer klaren, nachhaltigen Ausrichtung im Unternehmen implementiert sein. Die SFDR schafft Transparenz für den Anleger, indem es die Unternehmen zwingt, ihr Nachhaltigkeitskonzept offenzulegen (Bilanz, Bericht, Website etc.). Die Umsetzung erfolgt seit März 2021.

Eine mögliche Form zum Nachweis der Wirksamkeit der Impact-Strategie ist die **IOOI-Methode** (Input, Output, Outcome, Impact). Sie wurde entwickelt und veröffentlicht von der *Bertelsmann Stiftung* im Jahr 2010[12], um schwer messbare Projekte im sozialen Umfeld nachzuverfolgen. Mit den aufgeführten Schritten kann in wiederholbarer und transparenter Form die Wirksamkeit erhoben werden. Die IOOI-Methode wird im Praxisteil, Kapitel 10, noch detaillierter vorgestellt. Hier wird zunächst nur der Aspekt der Wirksamkeitsmessung eingeführt.

IOOI-Methode

Es ist schwierig für komplexe Projekte, wie zum Beispiel soziale Arbeit, einen Nachweis über Fortschritt und Erfolg messbar darzustellen. Mit der sogenannten Wirkanalyse hangelt man sich an der Wirkungskette im Prozess (Input-Output-Outcome-Impact) entlang und versucht, dafür Kennzahlen (KPIs) aufzustellen, um einen zahlenbasierten Nachweis führen zu können. Beispiele hierfür können folgende Fragestellungen sein:

- Wie können Ressourcen gezählt und bemessen werden, die in das Projekt eingehen (*Input*)?
- Gibt es Leistungen, die das Projekt erbringt und welche Zielgruppen werden erreicht (*Output*)?
- Gibt es Veränderungen bei den Zielgruppen und wie können diese quantitativ über konkrete Zahlen erfasst werden (*Outcome*)?
- Gibt es soziale oder gesellschaftliche Veränderungen durch das Projekt (*Impact*)?
- Wenn bereits Projektvorgehensweisen in einer Organisation eingeführt worden sind, wie können dann die vorliegenden Berichtsformate weiter genutzt werden?

Das Erreichen einzelner Ziele (Outputs, Outcomes, Impact) muss über Kennzahlen (KPIs) überprüft werden können. Nur so kann tatsächlich der Projektfortschritt und/oder der Erfolg gemessen werden. Planabweichungen sind in den Reports kenntlich zu machen.

Ein weiterer wesentlicher Aspekt der IOOI-Idee ist der kontinuierliche Verbesserungsprozess, der neben dem regelmäßigen Überprüfen der Kennzahlen zu einer Anpassung der gesamten Projektvorgehensweise führen soll.

Neben IOOI gibt es weitere Konzepte, die als Ziel die Wirkungsbestimmung von durchgeführten Aktivitäten haben.

3.3 Shared-Value-Konzepte – bewährte Praxis in größeren Unternehmen

Bereits 2011 haben Michael Porter und Mark Cramer[13] ein zum Impact Investing und Impact-Unternehmertum ähnliches Gedankengebäude für die Corporate-Welt vorgestellt. Darin geht es um die Einbindung von Nachhaltigkeitszielen in den unternehmerischen Planungs- und Gestaltungsprozess. Untersucht haben die beiden dies für größere Unternehmen wie *Walmart* oder *IBM*.

Die Erkenntnis zeigt, dass durch die Einbindung von sozialen oder umweltbezogenen Nachhaltigkeitsaspekten Einsparungen, prozessuale Verbesserungen, aber vor allem Motivationsverbesserungen bei Mitarbeitern erzielt werden können. Basierend auf den grundlegenden Erkenntnissen von Porter und Cramer hat *FSG*[14], das Beratungsunternehmen der beiden Professoren, in den letzten Jahren weitere konkrete Implementierungsmethodiken veröffentlicht, die bei der Transformation von Bestandsunternehmen in die Impact-Welt hilfreich sind.

Abbildung 3 zeigt das regelkreisbasierte Konzept, welches in der Strategieebene mit der Festlegung der Ziele beginnt und dann über die Ausarbeitung von einzelnen Geschäftsvorfällen konkretisiert wird. Als Schritt drei erfolgt die Nachverfolgung der Fortschritte und schließlich in Schritt vier die Messung der zahlenbasierten Ergebnisse. Mit der Bewertung der Ergebnisse aus einem Kreislauf kann der Strategieprozess erneut angestoßen werden.

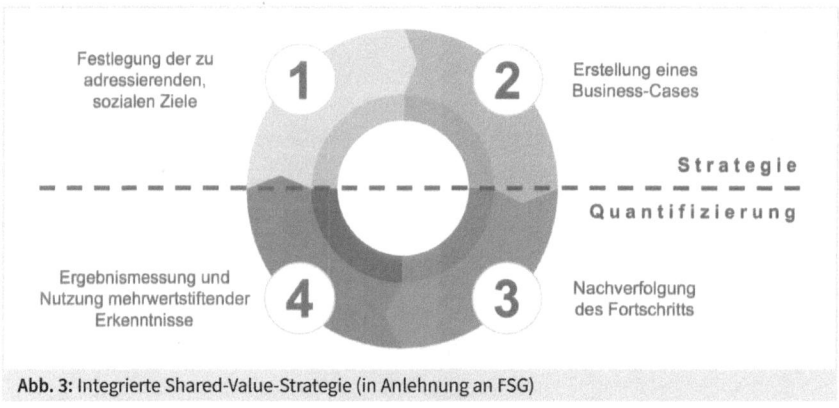

Abb. 3: Integrierte Shared-Value-Strategie (in Anlehnung an FSG)

Der andere wesentliche Aspekt für bestehende Unternehmen ist die logische Entwicklung und Herleitung der Impact-Aspekte über eine Visions-, Strategie-, Umsetzungs- und Überprüfungskaskade, wie sie in Abbildung 4[15] zu sehen ist. Bei reiferen Unternehmen kann davon ausgegangen werden, dass ein solcher Regel- und Steuerungsprozess bereits implementiert ist. Neu ist die Aufnahme der impactbasierten Ziele und Kennzahlen in den gesamten Planungs- und Steuerungsprozess.

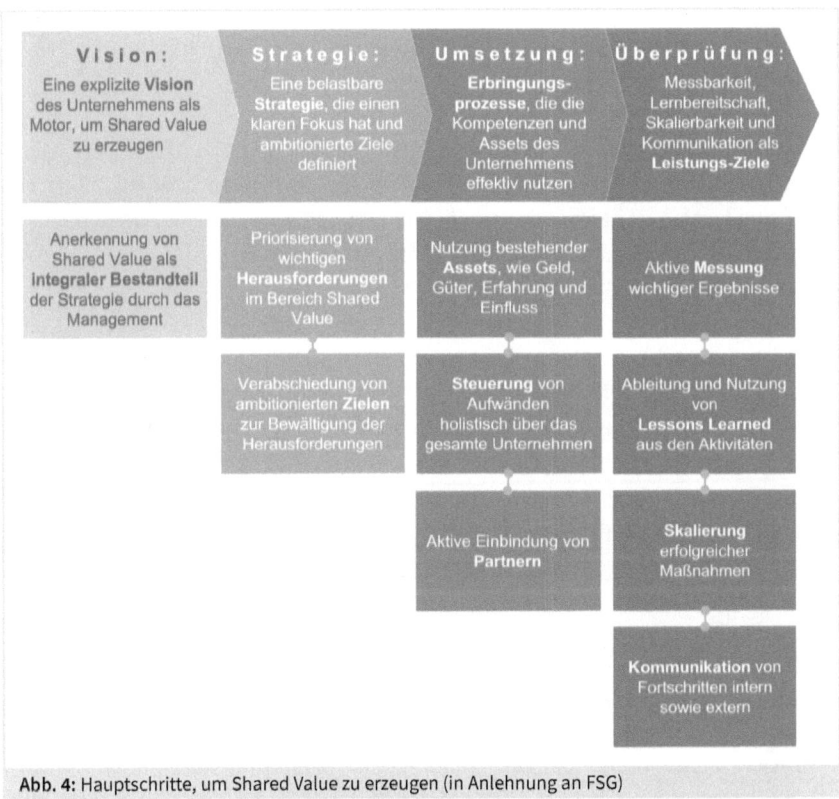

Abb. 4: Hauptschritte, um Shared Value zu erzeugen (in Anlehnung an FSG)

Das Shared-Value-Konzept zeigt, dass die Grundsätze der Impact-Welt nicht nur auf Impact-Unternehmer, Start-ups und neue Unternehmen anzuwenden sind, sondern in wesentlichen Teilen für größere Bestandsunternehmen bereits seit mehr als zehn Jahren konkrete positive Erfahrungen vorliegen.

Zusammen mit den SFDR-Bemühungen der EU wird daraus ein durchgängig transparentes Gebäude für Mitarbeiter, Kunden, Lieferanten und Investoren, um die Nachhaltigkeitsbemühungen und deren Ergebnisse nachvollziehen zu können.

3.4   Status Quo und Ausblick

Es ist klar zu erkennen, dass sich in den letzten Jahren bereits einige ESG-Frameworks als Mindeststandard (Do No Harm) etabliert haben und im ESG-Framework-Umfeld bereits ein hoher Reifegrad vorliegt.

Die EU hat mit der Einführung der SFDR und der gerade laufenden Umsetzung für Investoren eine damit harmonierende Transparenzinitiative gestartet. Hier sind von vornherein Iterationen eingeplant, um die Unternehmen über mehrere Jahre an die neuen Transparenzanforderungen heranzuführen.

Für den Impact-Bereich selbst liegen mit der IOOI-Methode und dem Shared-Value-Ansatz ebenfalls bereits Techniken vor, komplette Frameworks für die integrierte Abwicklung fehlen bisher jedoch. Der Prozessreifegrad, auf den Unternehmen zurückgreifen können, ist also im Kern-Impact-Umfeld am geringsten.

Damit ist klar, dass es hier weiterer Vorreiter bedarf, die strukturiert oder mit einer gewissen Trial-and-Error-Methodik langsam, aber sicher Vorgehensstandards etablieren. In dieser Phase ist auch noch mit Irrwegen und Korrekturen zu rechnen, vielleicht sogar mit Missbrauch durch einzelne Unternehmen.

Wesentlich scheint hier ein iteratives Vorgehen, mit dem Impact-Unternehmer und Impact-Investoren bereits heute starten können und auf deren Grundlage sich über die nächsten Jahre weitere Standards sowie Vorgehensweisen etablieren werden.

Zusammenfassung

Impact-Unternehmertum und Impact Investing ist die Ausrichtung der Unternehmenskernprozesse auf eine positive soziale und/oder ökologische Wirkung. Damit können ein höherer Integrationsgrad und eine höhere Interessengleichheit zwischen Unternehmern, Investoren und den übergeordneten gesellschaftlichen Zielen hergestellt werden. Dabei werden weitere Stakeholder wie Kunden, Mitarbeiter und Lieferanten aktiv eingebunden. Erste Frameworks dafür gibt es bereits aus angrenzenden Bereichen: verschiedene aus dem Bereich ESG und Prozessrahmenwerke wie IOOI, SFDR und Shared Value (für Bestandsunternehmen).

4 Impact Leadership – oder: Was will ich vorantreiben?

Für Ungeduldige: Es gibt in der Impact-Welt eine neue Interpretation für Leadership. Bevor man sich als Impact-Unternehmer auf den Weg macht, ist es wichtig, die Dimension und den Anspruch an sich selbst, das Unternehmen und die Bedeutung für unseren Planeten zu erkunden. In diesem Kapitel gibt es daher eine kleine Anleitung zur Selbstfindung in der neuen kollaborativen Welt. Nach der Lektüre wird der Unterschied zwischen lokalem und globalem Impact klar sein – und vielleicht finden sich auch neue Ideen für die Ausrichtung des nächsten eigenen Unternehmens.

Als Unternehmer sollte man von seiner Überzeugung beseelt sein. Schließlich geht es darum, einem (neuen) Organismus Leben, Idee und Überzeugung einzuhauchen. Dafür gibt es seit jeher verschiedene Stile. Einige davon kann man direkt ausschließen: den despotischen Führungsstil als indiskutabel und den patriarchalischen als ein wenig aus der Mode gekommen. Der Laissez-faire-Führungsstil ist zwar geeignet für bekannte Geschäftsmodelle, aber eher ungeeignet für hochinnovative Umgebungen. Mit diesen vorgenommenen Einschränkungen bleiben noch drei Formen zur Auswahl, um die eigene Überzeugung zu vermitteln: der klassische hierarchische, der partizipative und der aktuell am meisten angesagte kooperative Führungsstil.

Über viele Jahre galt vor allem in der wachstumsverwöhnten High-Tech-Szene ein charismatischer Führungsstil mit einer unterschiedlichen Mischung aus diesen drei Stilen, gepaart mit einer ordentlichen Portion Narzissmus als Nonplusultra-Erfordernis für echten Erfolg. Wir denken dabei an Steve Jobs, Andy Grove, Larry Ellison, Bill Gates oder auch Jeff Bezos[16].

So war das in den Zeiten der 1990er-, 2000er- und 2010er-Jahre, als klar wurde, dass es für wirklich großen Erfolg unabdingbar ist, zwei Elemente im Unternehmen zu vereinen: zum einen die Fähigkeit der Organisation, einen stetigen schnellen Wandel über viele Innovationszyklen zu ermöglichen und zum anderen einen charismatischen Leader mit einer weitreichenden Vision. Die Vokabeln der Entwicklung solcher Unternehmen wurden aus dem Militär entlehnt. Ging es doch darum, Märkte zu erobern, sich durchzusetzen und Technologiefelder zu besetzen.

Warum sind diese Vorüberlegungen relevant für die Ausrichtung eines Unternehmens auf die Impact-Welt? Weil sich alles weiterentwickelt.

4.1   Impact Leadership als neuer Stil

Auch beim Impact-Leadership-Stil geht es um Visionen und um klare Führung. Aber es geht bei diesem neuen Mix um deutlich weniger Narzissmus als beim charismatischen Führungsstil. Es bleibt Raum für eigene Vorlieben und Eigenheiten, denn es geht um eine persönliche Mischung aus

- hierarchischem Führungsstil,
- partizipativem Führungsstil und
- kooperativem Führungsstil.

Charisma ist heute keine uneingeschränkt positive Eigenschaft mehr. Es geht nicht mehr um das absolute Ziel, eine Delle ins Universum hauen zu wollen, koste es, was es wolle.

Im Fokus steht stattdessen das Führen über Tugenden und nicht mehr über Werte[17], also das Führen über das eigene Tun und nicht über abstrakte Theorie. In der Impact-Welt steht nicht mehr Charisma im Vordergrund, sondern Kollaboration. Die Integration einer starken Vision mit allen, die zu einem erfolgreichen Unternehmen beitragen: Mitarbeiter, Kunden sowie Lieferanten und eben ein Ökosystem, soziale Gemeinschaften und die Integration all dieser Aspekte in die Gemeinschaft der Unternehmensorganisation.

Es geht um integratives Veränderungsmanagement, getrieben über agile Prozesse mit kurzen Zyklen und einem ständigen Feedback, als Motor der Koordination und der Anpassung. Es geht darum, Ziele in mehreren Dimensionen zu erreichen: harte Finanzzahlen (wie Umsatz, Produktivität oder Gewinn) genauso wie konkrete Impact-Ziele (wie Einsparung von X Tonnen CO_2 oder Vermeidung von Y qm versiegelter Fläche). Es geht nicht um Kompromisse, sondern um das Finden der Optima in vielen Dimensionen.

Diese Gedanken sind nicht revolutionär, sondern bekannt. Ein solcher Führungsstil hätte sich schon über die letzten Jahre verbreiten können. Einige führen schon lange so. Neu ist, dass diese Ausrichtung heute Zeitgeist ist, weil sie optimal für eine Welt voller Ambiguität – also die Impact-Welt – ist. Dazu bedarf es nicht mehr vor allem charismatischer und narzisstischer, sondern genau jetzt kollaborativer und dienender Führungspersönlichkeiten (Servant Leader). Dies hat nichts mit Schwäche oder Weichheit zu tun. Entscheidungen in mehreren Dimensionen zu erzwingen, erfordert Durchsetzungsfähigkeit und auch manchmal Härte, aber eben eine kollaborative Grundhaltung. Anders ist es nicht möglich, konkrete Ziele in ganz unterschiedlichen Dimensionen zu verfolgen.

4.2   Die Skalierungsdimensionen von Impact Investing

Im Rahmen der klassischen Unternehmensstrategie legt man über das Produkt und das Marktvolumen auch die potenzielle Größe der Organisation fest. In der Impact-Dimension geht es nicht darum, wie groß das Unternehmen werden kann oder werden soll.

In einer impactgetriebenen Welt schaut man vor allem auf die gewünschte Auswirkung der Vision auf ein Nachhaltigkeitsziel. Zielt meine unternehmerische Leidenschaft darauf ab, einen lokalen Impact zu erzielen oder einen globalen (siehe Abbildung 5, X-Achse: Fokus der Wirkung)? Möchte ich das Bildungsangebot in meiner Gemeinde verbessern oder den Zugang zu Bildung für Millionen verändern (siehe Abbildung 5, Y-Achse: Level der Wirksamkeit)? Diese Entscheidung hat nichts mit Qualität,

Abb. 5: Dimensionen von Wirksamkeit und Skalierung

gut oder schlecht zu tun. Es geht ganz einfach um das eigene Ziel und den angestrebten Wirkungskreis. Abbildung 5 zeigt die verschiedenen sich daraus ergebenden Möglichkeiten für die Impact-Strategie.

Der Level der Wirksamkeit und der Fokus für die Wirkung (lokal, global) haben erst einmal nichts miteinander zu tun. Man kann sich als Gründer vornehmen, das UN-Ziel 6 (Wasser und Sanitärversorgung für alle, Teilziel nachhaltige Bewirtschaftung von Wasser) mit dem Fokus auf meine Stadt, mein Land, meinen Kontinent, global oder auch in einer anderen Region zu verfolgen. Unabhängig davon ist der Level der Wirksamkeit. Handelt es sich um eine Technologie, die universell anwendbar ist oder wegen ihrer regionalen Spezifität einen geringeren Wirksamkeitslevel hat? So macht eine Technologie mit Fokus auf die Nutzung von Regenwasser unabhängig von meinem Geschäftsmodell nur in bestimmten Regionen der Welt Sinn. Es ist wichtig für jeden Impact-Unternehmer, sich in diesen beiden Dimensionen zu verorten.

In vielen Bereichen lässt sich eine Rückbesinnung auf lokales Wirtschaften als eine Gegenbewegung zur Globalisierung beobachten. Weltweite Lieferketten, der Transport über weite Entfernungen, die daraus resultierende Anfälligkeit, aber auch der Wahnsinn, zum Beispiel Obst rund um den Globus zu transportieren, verstärken eine Besinnung auf lokale Stärken.

Gerade in Non-Profit-Organisationen entwickelt sich aus dem Lokalitätsprinzip aber etwas nicht mehr Positives. Unsere Kommunikation, Social Media und klassische Medien sind global – das wird sich auch nicht mehr ändern. Memes, Videos sowie Kampagnen laufen um den Globus. Wenn Unternehmer und Gestalter nun ähnliche Ideen und Konzepte in einer lokalen Form mit eigenständigen Marken vermarkten, dann ist global/überregional nicht mehr zu erkennen, dass es sich um die gleiche oder eine ähnliche Idee handelt. Damit nehmen wir uns die Möglichkeit, die Größe der Idee und deren Wirksamkeit wahrzunehmen (weil wir nur die im Detail verschiedenartigen Einzelunternehmen sehen) und die Idee positiv für Verbraucher und Unternehmen weiterzuentwickeln.

In einer Impact-Welt brauchen wir Unternehmer, die das verstehen und eine globale Idee auf die lokale Ebene herunterbrechen sowie anwenden. Und diese nicht mit einem neuen Namen, einer neuen Marke versehen und das Angebot unterscheiden, sondern bewusst auf eine einheitliche, globale Erkennbarkeit setzen und sie dann lokal anpassen. Dies erfordert ein kollaboratives Unterordnen von eigener unternehmerischer Verantwortung unter globalen Kommunikationsmarken für den Impact.

Dieses Problem kennt man in der IT seit ca. 25 Jahren im Rahmen der Open-Source-Bewegung. Der Code ist frei, jeder kann ihn kopieren und daraus ein neues Projekt machen. Oder man kann die eigenen Ideen der großen Idee unterordnen und das große Projekt unterstützen. Die lokale Optimierung durch das Forken, also Aufspalten in eigene Entwicklungszweige, mit Einbringen der eigenen Idee spaltet die Ressourcen. Ab diesem Zeitpunkt konkurrieren zwei sehr ähnliche Projekte um Nutzer und Unterstützer. In der IT gibt es verschiedene Ansätze, um Teile der IP und Services dann doch unter einem Unternehmensdach weiterzuentwickeln, um damit den Open-Source-Gedanken zu stützen. So ist es zum Beispiel der Firma *SUSE* gelungen, auf Basis von Open-Source-Technologie ein weltweites Service-Geschäftsmodell aufzusetzen.

Wir benötigen Impact-Unternehmer, die lokale Bausteine in größere Gesamtgebäude einfügen und dafür auf Ruhm und Ehre verzichten. Zudem benötigen wir weitsichtige, uneitle Unternehmer, die globale Konzepte spinnen, um Teilprojekte aufzunehmen und einer größeren Wirksamkeit zuzuführen.

4.3   Meaningful, Charity und was sonst noch alles möglich ist

In den beiden Dimensionen – Level der Wirksamkeit und Fokus für die Wirkung (lokal, global) – kann man den beiden Extremen in Abbildung 5 (oben rechts und unten links) feststehende Begriffe zuweisen: *meaningful* (bedeutungsvoll) und *Charity* (Wohltätigkeit).

Es wird Technologien geben, die global einen sehr starken Einfluss und damit einen großen Impact haben werden, zum Beispiel Energiespeicher. Skalierende Speicherlösungen, die uns helfen, Sonne und Wind nach Bedarf global zugänglich zu machen, sind das Extrem für meaningful – bedeutungsvolle – Impact-Technologien. Wir brauchen also nach wie vor auch Impact-Unternehmer, die einen globalen Einfluss auf diesen Planeten nehmen wollen. Die Bedeutung ist in der Impact-Welt allerdings eine etwas andere als in einer rein finanzgetriebenen Welt.

Und ebenso benötigen wir Charity, Wohltätigkeit. Die Unterstützung lokaler Aktivitäten als Hilfsleistung. Helfen ohne Bedingung, ohne Nachweis. Helfen in Not oder einfach, um Licht und Freude in eine Gemeinschaft zu bringen. Genau das macht Menschsein aus. Ob wir einen Wandel im Bereich der größer skalierenden Wohltätigkeit benötigen oder heutige Wohltätigkeitsorganisationen als Blaupause für die Impact-Welt sehen, das werden wir in Kapitel 14 diskutieren.

Klar ist aber: Wir brauchen in beiden Dimensionen ein breites Spektrum und Vielfalt. Wir brauchen Unternehmer mit unterschiedlichem Fokus und unterschiedlichem Selbstverständnis für ihr Wirken!

Für Impact-Unternehmer, die mit Technologiefokus im oberen rechten Quadranten immer noch irgendwie etwas einzigartiges und besonderes in der Impact-Welt erreichen wollen, sind diese Handlungsfelder wahrscheinlich äußerst interessant:

- **Elektrifizierung der Welt:** Über die nächsten Jahre werden wir nach und nach nahezu alle Mobilitätsprozesse, aber auch große Teile der chemischen Industrie elektrifizieren müssen. Dies bedeutet nicht nur den Abschied von Verbrennungsmotoren, sondern auch die Elektrifizierung von thermischen Prozessen in der Stahl- oder Chemieproduktion.
- **Effiziente industrielle Prozesse:** Noch ist unsere Fertigung wenig integrativ. Supply Chains, Lieferketten, sind geprägt von Medien-, Vertrags- und Verantwortungsbrüchen. Hier schlummern riesige Potenziale, wenn wir künstliche Intelligenz (KI), wirtschaftliche Prozesse und die Ankopplung der physischen Produktionswelt in digitalen Planungswelten vorantreiben.
- **Dekarbonisierung:** Es reicht nicht, unseren westlichen Verbrauch an CO_2 nicht weiter steigen zu lassen oder auf zehn Prozent der heutigen Werte zu reduzieren. Wenn wir das weitere, irreversible Umkippen von Ökosystemen verhindern wollen, müssen wir auch das CO_2, das unsere Vorfahren verbraucht haben, wieder zurückwandeln.
- **Wasser:** Überall auf der Welt laufen wir in Wasserversorgungsprobleme hinein. Menschen, Tieren und Pflanzen sauberes Wasser zur Verfügung zu stellen, ohne Ökosysteme weiter massiv zu verändern oder zu schädigen, ist eine Mammutaufgabe für uns.

Für alle Unternehmer, die noch auf der Suche nach einem Betätigungsfeld sind, lohnt sich ein Blick auf Abbildung 6: Die 17 UN-Ziele und -Initiativen geben uns den Rahmen für unternehmerisches Handeln. Die Abbildung zeigt eine Aufstellung, in welche SDG-Bereiche deutsche Unternehmen im Jahr 2020 ihre Impact-Investitionen gelenkt haben (weitere Details siehe Anhang):

Abb. 6: Anlagevolumen UN Sustainable Development Goals (SDG) – Deutsche Unternehmen/ Investoren (in Anlehnung an Bundesinitiative Impact Investing – Marktstudie 2020)

Damit kann jeder selbst einen Weg finden und entscheiden, ob man eher dem Herdentrieb folgt (SDG 3) oder sich in bisher nicht mit Geld versorgte Gebiete vorwagt (SDG 9, 16, 14).

Für alle anderen Impact-Unternehmer gibt es ein weites Feld von Optionen, wie die neuen kollaborativen Fähigkeiten und Formen entwickelt werden können. Wir alle können gespannt sein, was menschliche Innovationskraft an neuen Impact-Geschäftsmodellen hervorbringen wird.

Zusammenfassung

Es hängt von jedem einzelnen Gründer selbst ab, was er bewegen will. In jedem Fall ist zu beobachten, dass sich Leadership in der Impact-Welt verändert. Neben dem Führungsanspruch ist es wichtig, sich in den Dimensionen lokal/global und der Dimension der Skalierung des Impacts zu positionieren. Größer und globaler ist nicht automatisch besser. Um großen Impact zu erreichen, benötigen wir viele Unternehmer und auch Investoren, die in vernetzter Form unterwegs sind und sich in größere Märkte und Technologiekonzepte einklinken. Die 17 UN-Nachhaltigkeitsziele werden sehr unterschiedlich mit Kapital und Ideen versorgt. Hier gibt es große weiße Flächen mit vielen Potenzialen.

5 Passt Impact-Unternehmertum in die aktuelle (Geschäfts-)Welt?

Für Ungeduldige: Der Trend bei der Unternehmensführung geht von hierarchischen Konzepten hin zu netzwerkorientierten Ansätzen. Wie funktionieren netzwerkorientierte Organisationen wirklich? Und lassen sich Parallelen zwischen unseren gesellschaftlichen Systemen und Unternehmen erkennen? Klar passt Impact-Unternehmertum in diesen Zeitgeist hinein. Aber wie genau und warum – darum geht es in diesem Kapitel.

Hierarchische Organisationsmodelle sind seit vielen Jahren etabliert und bewährt. Das Militär war schon zu Cäsars Zeiten hierarchisch organisiert und ist es in weiten Teilen auch heute noch.[18] Wenn es auf schnelle Entscheidungswege und hohe Präzision in der Umsetzung von bekannten Aktionen in bereits bekannten Szenarien geht, dann sind Hierarchien auch heute noch eine absolut geeignete Organisationsform. Viele, vor allem große Organisationen haben zumindest für die übergeordneten Steuerungs- und Koordinationsebenen eine hierarchische Ordnung. Alternativen zum hierarchischen Modell sind zum Beispiel die Prozess- oder Netzwerkorganisation sowie die lernende Organisation. Solche Organisationsformen sind unabhängig vom Führungsstil (Kapitel 4).

In Umfeldern mit schnell wechselnden Anforderungen und höherer Unsicherheit kommen Hierarchiemodelle an ihre Grenzen. Da die Produkt- und Innovationszyklen in vielen Branchen immer kürzer werden, haben sich viele Unternehmen in den letzten Jahren mit alternativen Organisationskonzepten auseinandergesetzt und zumindest in Teilbereichen neue Formen eingeführt und umgesetzt. Dazu gehört auch ein neues Verständnis von Regelkreisläufen und Feedbackschleifen, um jedwede Form von Organisationsmodell zu aktivieren. In vielen Unternehmen, vor allem im Bereich der Technologiebranche, hat sich dafür OKR etabliert.

5.1 OKR als transparentes Kommunikationssystem für Unternehmen

OKR steht für »Objectives and Key Results«, deutsch: »Zielvorgaben und Hauptergebnisse«. Die Methode wurde erfunden und beschrieben von L. John Doerr[19].

OKR ist die logische Fortführung von Peter Druckers Ansatz »Was man nicht messen kann, kann man nicht lenken«.[20] Denn bei OKR geht es nicht um einen rein zahlengetriebenen Top-down-Ansatz, sondern um ein transparentes Kommunikationssystem, das Inter-Teamabstimmung, effiziente Kommunikation zwischen (Hierarchie-)Ebenen sowie Teilhabe und Sinnstiftung von Menschen innerhalb von Organisationen in strukturierter Form ermöglicht.

Auch mit OKR ist Management harte Arbeit und braucht engagierte Menschen als An-führer, Vorgesetzte und Mitarbeiter. Besonders spannend an dem Ansatz ist, dass die Methode bereits bei vielen purposegetriebenen, bahnbrechenden und visionären (Moonshot-)Projekten eingesetzt wurde. Es geht dabei nicht einfach um die nächste Optimierungsstufe beim Geldverdienen, sondern um Teilhabe. Teilhabe an visionären Projekten oder Unternehmensvisionen auf allen Ebenen ist ein enormer Treiber für Sinnstiftung, dem sich viele der talentiertesten Köpfe gerne unterordnen oder an-schließen, um gemeinsam mit anderen etwas zu bewegen.

OKR hat in zahlreichen Unternehmungen, quasi als Betriebssystem für exzellente Or-ganisationen, viele Menschen motiviert und ist damit bestens geeignet, in impactge-triebenen Unternehmen eingesetzt zu werden. Eine weitere Methode zur Führung in nicht hierarchischen Organisationen sind agile Vorgehensweisen.

5.2   Agile Vorgehensweisen

In der Software- und IT-Industrie hat sich in den letzten Jahren eine netzwerkartige Organisationsstruktur mit standardisierten Vorgehensweisen etabliert und durchge-setzt, um Softwareentwicklungsprozesse und zunehmend auch Betriebsprozesse zu organisieren.

Die Grundidee solcher agiler Entwicklung ist, die Entwurfs- und Planungsphase auf ein Minimum zu reduzieren und innerhalb von kurzen Zyklen von einer bis vier Wo-chen einen verwertbaren Code, ein funktionsfähiges Teilergebnis zu erzeugen. Dieser Code wird innerhalb jedes neuen Zyklus mit geplanten Anpassungen stetig weiter-entwickelt und verfeinert bzw. um neue Funktionen ergänzt sowie Fehler beseitigt. Die Durchführung erfolgt in interdisziplinär zusammengesetzten und parallel arbei-tenden fünf- bis zwölfköpfigen Teams, die ausschließlich durch Prozesse gekoppelt sind. Es gibt klar definierte Rollen, Prozesse und Routinen, aber keine Hierarchien.

Mit dieser Methodik und Organisationsstruktur kann man komplexe Aufgabenstel-lungen mit vielen Einflussfaktoren und einer hohen Änderungsfrequenz sehr wirk-sam bearbeiten. Es erfolgt eine ständige Überprüfung der Ergebnisse in jedem Zyklus (Sprint). Qualitäts- und Effizienzparameter werden ständig gesammelt und gemein-schaftlich kontrolliert. Die gewünschten Ergebnisse werden nicht mehr in Form von Anforderungen (Requirements) in technischer Art gesammelt, sondern aus dem Blick-winkel des Benutzers (Kunden) der Software festgehalten (User Stories). Diese User Stories werden über ein Backlog gesammelt. Damit steht das gewünschte Ergebnis in dynamischer Form jedem einsehbar bereit.

Agile Methoden sind daher besonders geeignet für Umgebungen, in denen sich Anforderungen (zum Beispiel Kundenwünsche) ständig und auch unvorhersehbar verändern und die Umsetzungseffizienz nicht leiden darf. Es hat sich eine Reihe webbasierter Werkzeuge etabliert (zum Beispiel *Jira*, *Asana*), mit denen die Methodik, Prozesse und Parameter erfasst, sichtbar gemacht und kommuniziert werden können. Die Stärke des Konzeptes ist, dass trotz der starken Standardisierung ein hohes Maß an individuellen und teamspezifischen Freiheiten verbleibt, die die Teams untereinander vereinbaren und leben können.

Das mutet an wie im Wunderland und ruft zugleich die Kritiker auf den Plan. Das Konzept erfordert eine ausgeprägte Kommunikationsfähigkeit von jedem einzelnen Teammitglied sowie die Fähigkeit zur Selbstreflexion und Positionsbestimmung. Kritiker halten die agile Softwareentwicklungsmethodik für elitär, weil eine größere Anzahl schwächerer Teammitglieder nur schwierig in die Teams eingebunden werden kann.

Die Idee der agilen Methodik wird zunehmend auch für andere, nicht softwarefokussierte Entwicklungsprozesse angewendet. Primär geht es um die Verkürzung von Zykluszeiten und eine Ankopplung an andere, parallele Prozesse mit den Synchronisationsmitteln der agilen Welt (wie Sprint, Review, Backlog, User Stories). Im gesamten Maschinenbau- und Engineering-Umfeld ergibt sich ein riesiges Potenzial, wenn die gesamte Produktentwicklung eines hochkomplexen Systems nicht mehr Top-down über mehrere Jahre geplant und dann entwickelt wird, sondern die Entwicklung sich über feste Kommunikationsmuster mit allen anderen Stakeholdern im Prozess verzahnt und abstimmt.

Bedeutet das wirklich, dass sich die vernetzen Organisationsformen aus der Softwarewelt auf andere, zum Beispiel Produktionsunternehmen, übertragen lassen?

5.3   Der Releaseherzschlag als neuer Takt für Organisation von Veränderung

Ja, ein Übertrag auf andere Unternehmen ist möglich und findet in der Realität schon längst statt. Der wesentliche Aspekt aus dem Bereich der Softwareentwicklung, der in fast allen Unternehmen angewendet werden kann, ist die Anpassung der Organisation auf Veränderung. Dabei ging es in den letzten 30 Jahren um Projektorganisation, Matrixorganisation oder Changemanagement. Letztlich sind das alles nur Versuche, das hierarchische Modell anpassungsfähiger und flexibler zu machen. Die effizienten Prozesse für die Massenproduktion in Form von Linien im Organisationschart haben wir mit Prozessen gekreuzt, die irgendwie ein wenig Flexibilität für schnellere Veränderungen hineinbringen sollten.

Eben diesen Ansatz kehrt die Philosophie der agilen Welt um. Hier geht es um Veränderung und Anpassung und deren Organisation in jedem Sprint. Und die zeitliche Dimension der Sprintabfolge, nämlich der Releasezyklus, ordnet auf der zeitlichen Ebene die gesamte Netzwerkorganisation. Es geht um eine Organisation, in der ein Produktmanager als Interessenvermittler zwischen Technik, Kunden und Business die Anforderungen bündelt. Diese werden dann von Product Ownern in kleinen agilen Softwareteams alle zwei oder spätestens alle vier Wochen als neues Release umgesetzt.

Es geht um die Logik, dass alle Kunden dieselbe Version der Prozesse nutzen, weil die Bereitstellung in flexiblen Modellen erfolgt. Und es geht darum, dass diese releasezentrierte Denkweise zum Herzschlag für alle anderen Bereiche wie Vertrieb, Support oder Logistik wird. Interessanterweise arbeiten heute nicht einmal alle klassischen Softwareunternehmen so. Auch das Mega-Buzzword *agile Organisation* trifft nicht den Kern. Denn *agil* ist lediglich eine gut erprobte Möglichkeit zur Umsetzung, aber nicht der Kern einer release- und feedbackgestützten Unternehmensorganisation.

Daher ist es sinnvoller, den releasegestützten Herzschlag von zwei oder vier Wochen als Kern jedes erfolgreichen Unternehmens für die Zukunft zu sehen. Parallel ist es wesentlich, eine abteilungsübergreifende Vertrauens- und Feedbackkultur zu etablieren. Dies führt letztlich zu einer kompletten Veränderung der Unternehmenskultur.

5.4 Veränderung der Unternehmenskultur

In klassischen, hierarchischen Organisationen ist das Abteilungsdenken etabliert. Diese Teileinheiten erfüllen mit einer gewissen Autonomie ihre spezialisierten Aufgaben und interagieren über klar definierte Schnittstellen miteinander. In einer serviceorientierten Struktur wandelt sich dieses Bild deutlich.

Die Basisprozesse der eigentlichen Wertschöpfung laufen in Maschinen ab, entweder in Produktionsmaschinen oder auf Rechnern. Diese Maschinen produzieren ihren Output nahezu unabhängig von menschlicher Interaktion. Menschen werden jedoch benötigt, um Veränderungen an den maschinellen Prozessen zu planen und umzusetzen. Und genau dafür hat sich ein kontinuierliches Vorgehen in der Logik von Releases (zum Beispiel alle zwei Wochen) etabliert, die in Sprints produziert werden.

Damit ordnen sich alle Abteilungen diesem Veränderungsherzschlag unter. Und: In diesem Ansatz werden kommunikative Kompetenzen für nahezu alle Mitarbeiter immer wichtiger – ein Arbeiten im stillen Kämmerlein innerhalb einer Abteilung wird zunehmend unwahrscheinlicher. Mit diesem Ansatz können endlich auch die Konzepte der verhassten Matrixorganisation beendet werden. Denn diese resultieren daraus, dass man Menschen in den Durchführungsprozessen als Maschinenersatz benötigt. Auf der anderen Seite sollten dieselben Menschen Veränderungsprojekte in Unternehmen durchführen: verständlich, dass dieser Widerspruch eine Menge von Organisationen in den letzten Jahren sehr stark belastet hat.

Es ist wichtig, den Zusammenhang zwischen Organisationsform und Prozessen mit Regelkreisläufen zu verstehen. Wenn wir Hierarchien auflösen und uns in Netzwerken organisieren, dann benötigen wir mehr Kommunikation, die wir mit Prozessmodellen und Kommunikationsmustern in Form von Protokollen (im Sinne von Zeremonien) organisieren können. Dabei ist die Strukturierung der zeitlichen Ordnung durch den Releasezyklus der aktuell spannendste Ansatz, um Netzwerkorganisationen mit hoher Effizienz aufzubauen. Solche kreislauforientierten Regelkreise gibt es auch in anderen Teilen unserer Gesellschaft.

5.5   Demokratie als Regelkreis und Feedbackschleife

Auch in unserer Gesellschaft gibt es Modelle, in denen wir uns bewegen. Den größten Einfluss in der westlichen Welt haben die Systeme *Demokratie* und *Kapitalismus* und beide organisieren tägliche Veränderung: die Politik über die Gestaltung von Gesetzen und Fiskal- oder Subventionsströmen, der Kapitalismus über die Verteilung des Geldes in der Wirtschaft.

Wesentliche Teilnehmer des Systems Demokratie sind Politiker, Wähler, Medien und in den letzten Jahren zunehmend auch die Wissenschaft. Medien haben in der »Vor-Internet-Welt« Meinungen aggregiert und vorsortiert, in Lager verpackt und durchaus auch Konsens hergestellt oder ermöglicht. Diese Rolle der klassischen Massenmedien, vor allem Zeitungen und Fernsehen, ist mit dem Aufkommen der Social-Media-Klickwelt durcheinandergeraten. Denn die klassischen Medien (Print, Funk und Fernsehen) stehen im Internet im Wettbewerb zu anderen Contentanbietern, vor allem den sozialen Medien. Hier geht es nicht mehr primär um die Inhalte, sondern um den nächsten Klick und unsere Aufmerksamkeit. Vernünftiger Inhalt und pure Aufmerksamkeit stehen in einem nicht zu vereinenden Widerspruch. Die seriösen Medien können daher die ordnende und filternde Rolle nicht mehr in der Form einnehmen wie noch vor einigen Jahren. Dadurch fällt der Wissenschaft eine neue Rolle der Ordnung zu. Schon immer hat diese als Anker für Entscheidungen der Politik zur Verfügung gestanden. Auch in den Medien sind Wissenschaftler ein fester Bestandteil bei der Recherche und kommen als Experten zu Wort. Im heutigen Contentdschungel und dem entsprechenden Kampf um Beachtung sollen Wissenschaftler Halt und Verlässlichkeit für wenigstens einige Eckpunkte in den Diskussionen und Debatten geben. Hier ist in den letzten Jahren eine stärkere Präsenz zu beobachten, auch in kontroverserer Form als früher üblich.

Die Herausforderung für die Wissenschaft ist dabei, dass der quasi intern (im Wissenschaftssystem und nicht im Mediensystem) geführte Diskurs nun auch regelmäßig nach außen, in die Medienwelt, getragen wird. Innerhalb des Systems ist damit für die Teilnehmer (Wissenschaftler) unklar, ob es sich um internen wissenschaftlichen Austausch oder öffentliche Diskussion handelt. Das erschwert die Konsensbildung im Wissenschaftssystem enorm. Auch Wähler und Politiker haben letztlich keinen Vorteil von Meinungen von Wissenschaftlern, die noch keine wissenschaftlichen Erkenntnisse sind.

Abbildung 7 zeigt den Regelkreis der Demokratie bestehend aus Politik, Wählern, Wissenschaft und Medien. Der minimale Ordnungsrahmen, der die Teilnehmer verbindet, sind unsere Gesetze und Verordnungen. Über Gesetze kann die Politik Einfluss auf das gesamte System nehmen. Allerdings – und das liegt in der Natur der Sache – vor allem durch Verbote. Erlaubt ist dann erst einmal das, was nicht verboten ist. Gesetze sind eine minimale Schranke für erwünschtes

Abb. 7: Regelkreis Demokratie

Verhalten der Teilnehmer. Die Politik kann über ihr Wirken auch Geldströme beeinflussen: zum einen durch Veränderung der Steuergesetze, zum anderen durch Steuerung von Subventionen.

Die Wirksamkeit, Veränderungsprozesse zu gestalten, hängt bei der Demokratie am Wahlzyklus und der Entscheidung durch die Mehrheit. Das System Demokratie ist sehr gut geeignet, um Probleme zu lösen, die innerhalb eines Wahlzyklus angegangen werden können und von der Mehrheit unterstützt werden. Trifft das System Demokratie auf Herausforderungen, die zeitlicher Anstrengungen deutlich über den Wahlzyklus hinaus bedürfen und die zunächst gegen die vor allem kurzfristigen Interessen der Mehrheit durchgesetzt werden müssen, so kommt es in Schwierigkeiten.

Eine solche langfristige Aufgabenstellung ist das Thema *Nachhaltigkeit*. Eigentlich müssen wir unseren CO_2-Abdruck massiv reduzieren, was bei jedem von uns mindestens zu Zähneknirschen führen würde. Das wäre also viel zu unpopulär. Stattdessen reden wir über eine CO_2-Abgabe, Flugbenzinbesteuerung oder die Subvention von Elektroautos. Mit den Möglichkeiten der Einflussnahme im System Demokratie (Gesetze mit Verboten, Geldsteuerung über Steuern oder Subventionen) und den Randbedingungen Wahlzyklus und Mehrheit stößt das System Demokratie an seine Grenzen.

Echte positive Anreize zur aktiven Gestaltung der Veränderung hin zu einer nachhaltigeren Welt sind über das System Demokratie schwer zu erreichen. Anders hingegen sieht es beim System *Wirtschaft*, ebenfalls in einem Kreislauf organisiert, aus.

5.6 Kapitalismus als Regelkreis

Wenn wir auf den Kapitalismus nicht klassisch nach Marx (Warenproduktion, Marktwirtschaft, Investition, Lohnarbeit, Profit) schauen, sondern auch hier die Akteure betrachten, sehen wir Investoren, Unternehmer, Konsumenten und Arbeitnehmer. Diese Akteure bilden den äußeren Wertekreislauf. Das Gesamtwirtschaftssystem besteht aus diesem Wertekreislauf und einem Marktkreislauf mit Unternehmen, Konsumenten, Mitarbeitern und den verschiedenen Produktionsmitteln.

Abb. 8: Regelkreis Kapitalismus

Unternehmer können mit Hilfe von Investoren größere Risiken eingehen und erhoffen sich davon auch eine bessere Rendite. Im Kapitalismus ist Geld das zentrale oder zumindest ein wesentliches Element im Anreizsystem für alle Akteure. Dies gilt auch für viele Konsumenten, die über den (günstigsten) Preis entscheiden. Darüber hinaus kaufen sie Dinge, die viele kaufen (Trends), die einen wirklichen Bedarf decken (Brot, Wasser) oder die eine Codierung für einen Status in anderen Wertdimensionen sind (Auto = Erfolg, Haus = Autonomie und so weiter).

Im Finanzbereich gibt es mit Prognosen, Monatsberichten und Jahresbilanzen etablierte Kreisläufe, um wirtschaftliche Kennzahlen anzukündigen und zu überwachen (innerer Kreislauf). Mit Systemen wie OKR lassen sich auch Innovationen und andere unternehmerische Parameter als Ziele kommunizieren und überwachen (mittlerer Kreislauf).

Die Kernidee von Impact Investing und Impact-Unternehmertum in dieser Systemsicht ist, dass mit den gleichen Methoden und Kennzahlen eben nicht nur die finanziellen Metriken getrackt und überwacht werden, sondern auch die Veränderungen an

Messzahlen aus der Nachhaltigkeitswelt. Die Nachhaltigkeitsziele sind in Abbildung 8 ein übergreifendes Steuerelement.

Weil die Impact-Ziele in den inneren Marktkreislauf eingebunden sind, beeinflussen sie auch den *Unternehmenswert*, denn üblicherweise entspricht der Wert eines Unternehmens einem Vielfachen des zu erwartenden Ertrages. Früher, in der Welt vor den negativen Zinsen, war es noch relativ einfach möglich, den Wert einer Immobilie abzuschätzen. Ziemlich sicher konnte man vom ca. 14-Fachen oder in besonderen Fällen auch dem 20-Fachen der jährlichen Nettokaltmiete als Marktwert ausgehen[21].

So schwanken auch die Werte von Unternehmen durch die Brille des Ertragswertes zwischen dem Sechsfachen des Ertrages (EBIT) eines Unternehmens für ein langweiliges Standardgeschäft bis hin zum 20-Fachen bei angesagten Technologieunternehmen[22].

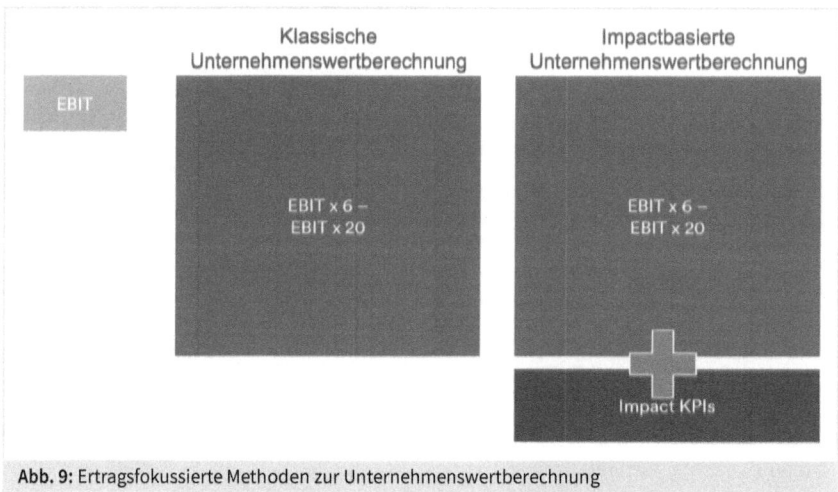

Abb. 9: Ertragsfokussierte Methoden zur Unternehmenswertberechnung

Der Wert eines Unternehmens hängt also ab vom zu erwartenden Ertrag multipliziert mit einem Faktor, über den man eine Art Auf- oder Abschlag berücksichtigt – je nachdem, wie attraktiv das Geschäft im Hinblick auf die zukünftige Entwicklung eingeschätzt wird (siehe Abbildung 9).

Beim Impact Investing wird die Veränderung des Einflusses auf die Nachhaltigkeit aktiv vom Unternehmen vorab kommuniziert – erst dann findet eine Überprüfung und das Berichten statt. Diese Informationen können von Investoren zielgerichtet in ihre Prognose für die zukünftige Entwicklung einbezogen werden. Damit kann über sinnvolle Nachhaltigkeitsparameter, eine gute Kommunikation und die zuverlässige Erreichung der prognostizierten KPIs ein Wertaufschlag generiert werden. Oder eben ein

Abschlag, wenn diese Parameter nicht oder nicht in ausreichender Form vorliegen. Der positive Anreiz des Impact Investing und des Impact-Unternehmertums kann sich also auch ohne ein höheres EBIT absolut positiv auf den Unternehmenswert auswirken. Diese vereinheitlichende Ausrichtung zwischen den verschiedenen Interessengruppen Investoren, Unternehmer, Konsumenten und Mitarbeiter bei parallel positiven Auswirkungen auf die Nachhaltigkeitsziele macht Impact Investing zu einem inklusiven Konzept, weil alle Partner eingebunden werden und sich aneinander ausrichten.

Im System Demokratie sind diese Anreize für die Verfolgung nachhaltiger Ziele systemisch nur schwer zu implementieren. Vor allem, weil die Auswirkungen der Ergebnisse für die Politik außerhalb der Wahlperioden liegen. Im System Kapitalismus ist Impact Investing eine konsistente Ergänzung, weil die Zielparamater für Impact-Unternehmen in den Wirtschaftskreislauf eingebunden werden können.

Zusammenfassung

Impact-Unternehmertum ergänzt die Trends und Entwicklungen in der Wirtschaftswelt in idealer Form. Die Basis des Impact-Unternehmertums ist der Kreislaufgedanke mit der Einbindung der Nachhaltigkeitskennzahlen in die unternehmerische Berichtslogik. Agile Netzwerkunternehmen, die bereits moderne Steuerungskonzepte wie OKR einsetzen, werden sich erheblich leichter mit der Transformation zu einem Impact-Unternehmen tun als zum Beispiel hierarchische Organisationen. Die transparente Kommunikation von Zielen und Ergebnissen führt zu einer positiven Berücksichtigung der Impact-KPIs bei der Unternehmensbewertung (im Falle positiver Zielerreichung).

6 Können Wohltätigkeitsorganisationen wirtschaftlich inklusiv sein?

Für Ungeduldige: Es gab in den letzten Jahren eine Vielzahl wohltätiger Bewegungen und Bemühungen, die unsere Welt nachhaltiger machen sollten. Einige dieser Ansätze werden vorgestellt und die Impact-Idee dagegen abgegrenzt. Unsere bisherigen Wohltätigkeitsaktivitäten lassen sich nur schwer in wirtschaftliches Handeln einbinden. Es wird erläutert, warum Impact-Unternehmertum und Impact Investing ein inklusives, also nicht ausgrenzendes Konzept zur Verfolgung von Nachhaltigkeitszielen sind.

Es hört sich gut an, wenn sich immer mehr wohlhabende Amerikaner der Giving-Pledge-Kampagne[23] anschließen. Denn dabei geht es um das Versprechen, einen Großteil des erreichten Wohlstandes für philanthropische Projekte wieder herzugeben. Ziel der im Juni 2010 von den Milliardären Bill Gates und Warren Buffett ins Leben gerufenen Kampagne ist es, andere wohlhabende Menschen zu Spenden für das Gemeinwohl zu animieren. Die konkreten Spenden kann dann jeder Teilnehmer für sich gestalten.

Die Kernidee basiert auf dem Gedanken, dass man im Leben neben Fleiß und Glück realistisch auch große Teile der Infrastruktur eines Landes oder einer Gemeinschaft in Anspruch genommen hat, um an diesen Punkt eines sehr großen Vermögens zu gelangen. Und mit der Rückgabe eines Großteils dieses Vermögens für Aktivitäten zum Wohle der Gesellschaft akzeptiert und honoriert man diesen Umstand. Man versucht also, etwas zurückzugeben und zeigt so seine Dankbarkeit. So weit, so gut.

Im Sinn unserer Impact-Investing-Idee drängt sich eine Frage auf: Wären diese Vermögen auch entstanden, wenn man die 17 UN-Nachhaltigkeitsziele von vornherein mit positiven Aktivitäten unterstützt oder sogar mit den Unternehmensaktionen deren Umsetzung verfolgt hätte? Natürlich ist es unmöglich, diese Frage konkret zu beantworten – aber sie zeigt, welche Betrachtungsweise in unseren aktuellen Wirtschaftssystemen vorherrscht. Es ist eben nicht nachhaltig gedacht, wenn man auf der einen Seite Geld in optimierter Form verdient und dann mit einem anderen Ich dieses Geld wieder verteilt. Und es ist auch nicht nachhaltig, wenn man beim Geldverdienen die Prozesse auf der wirtschaftlichen Ebene auf Effizienz trimmt und im nächsten Schritt Geld für wohltätige Zwecke ohne Überprüfung der Auswirkungen zur Verfügung stellt.

Für eine nachhaltige Zukunft ist es sinnvoller, die Nachhaltigkeitsziele parallel und gleichgestellt (siehe Kapitel 5), also inklusiv, mit finanziellen Zielen zu verfolgen. In den nächsten Abschnitten wird gezeigt, dass Impact-Unternehmertum und Impact Investing tatsächlich inklusiv wirken. Dazu ist es sinnvoll, zunächst den Unterschied zwischen Integration und Inklusion zu klären.

6.1   Was ist der Unterschied zwischen Integration und Inklusion?

Bevor wir uns ansehen, was für Menschen mit Handicap der konkrete Unterschied zwischen Inklusion und Integration ist, betrachten wir die Begriffe zunächst aus anderen Perspektiven.

Im *technischen Umfeld* ist der Begriff *Integration* neutral bis klar positiv besetzt. Er bezeichnet den Zusammenschluss von einzelnen Einheiten oder Bauelementen in ein komplexeres Gesamtsystem. Bei der technischen Integration als Aufgabe geht es darum, ein funktionierendes Ganzes zu schaffen, indem Teilsysteme schnittstellenmäßig aufeinander abgestimmt werden. Ein Beispiel ist die Internationale Raumstation ISS, bei der über festgelegte Schnittstellen die verschiedenen Module und Technologien über Jahre und Generationen zu einem Gesamtsystem integriert werden können.

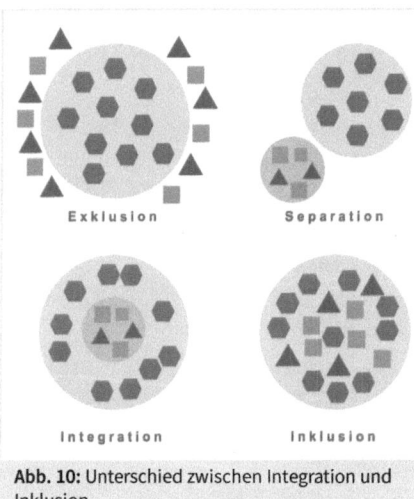

Im *sozialen Umfeld* ist die Integration einer Gruppe deutlich weniger als eine inklusive Gruppe. Bei der Integration gibt es eine vorherrschende Gruppenlogik, in die in erkennbarer Form »die anderen« eingefügt, integriert werden. Die sozial anderen sind als »anders« zu erkennen und müssen sich der vorherrschenden Gruppenlogik anpassen. Zur Veranschaulichung dient Abbildung 10. Im Teilbild Integration gehören die anderen dazu, sind aber klar zu unterscheiden, während im Teilbild Inklusion alle Mitglieder die Gruppe bilden.

Abb. 10: Unterschied zwischen Integration und Inklusion

Im Umfeld der Arbeit mit Menschen mit Handicap in sozialen Gruppen ist Integration ein veraltetes und nicht mehr zeitgemäßes Konzept, das nicht den UN-Nachhaltigkeitszielen 5 und 10 entspricht.

Im Gegensatz dazu akzeptiert Inklusion das Gegenüber, wie es ist, und bindet es in die Gemeinschaft ein. Dadurch bewegt sich das Individuum so weit, wie es ihm selbst möglich ist, auf die Gruppe zu. Die Gruppe wird um das, was nicht durch das Individuum aus- oder angeglichen werden kann, bunter oder auch diverser. Das hört sich erstmal selbstverständlich an, ist aber im Alltag nicht einfach umzusetzen. Dafür ist integrative Beschulung ein beredtes Beispiel.

Obwohl Menschen mit Handicap im schulischen Umfeld einige Aufgaben gar nicht leisten können, wird es dennoch von ihnen erwartet. Dies zeigt Abbildung 11[24] in einem schon fast 40 Jahre alten Cartoon von Hans Traxler. Es werden alle Schüler gleich behandelt. Die Logik ist auch erstmal nachvollziehbar, denn im Schulsystem sind wir ja direkt in der Gerechtigkeitsdiskussion, ob eine nicht mehr gleiche – also angepasste – Prüfung für einen Menschen mit Handicap allen anderen gegenüber gerecht ist. Hier kollidiert unser Gerechtigkeitsgefühl mit dem Inklusionsanspruch, unser Gegenüber wirklich mit all seinen Fähigkeiten wahrzunehmen.

„Im Sinne einer gerechten Auslese lautet die Prüfungsfrage für Sie alle gleich: Klettern Sie auf den Baum!"

Abb. 11: Cartoon »Gerechte Auslese« von H. Traxler

Vergleicht man die Vor- und Nachteile von Integration bzw. Inklusion wird klar: Inklusion muss das Ziel sein, aber der Weg dahin ist schwierig. Impact-Unternehmertum und Impact Investing sind letztlich auch ein systemverbindendes, soziales Konzept. Dabei müssen wir darauf achten, die Belange und Ansprüche anderer Gruppen, Menschen sowie der Natur (repräsentiert jeweils über deren Kennzahlen und KPIs) inklusiv zu berücksichtigen. Nur so können sie sich zum neuen Gesamtverständnis der Gruppe verbinden. Finanzaspekte und -regeln werden sich gegenüber den Nachhaltigkeitszielen durchsetzen, wenn wir sie nicht in inklusiver Form berücksichtigen. Sobald wir jedoch an diese Belange mit einem Integrationsgedankengebäude herangehen, werden wir einfach alles der weiteren Finanzlogik unterordnen und die Regeln aus der bestehenden Welt als absoluten Maßstab sehen. Denn in der Integrationslogik bleibt die vorherrschende Ordnung (in diesem Fall einseitige Finanzausrichtung) bestehen und die andersartigen Aspekte müssen sich unterordnen.[25] Nach diesem Einschub zur

Klärung der Begriffe Inklusion und Integration wenden wir uns nun einer weiteren Begriffswelt, nämlich der Wohltätigkeit und den Non-Profit-Organisationen (Organisationen ohne Absicht zur Gewinnerzielung) zu.

6.2 Klärung einiger Begriffe – Versuch einer Abgrenzung

Der Raum, den Begriffe wie Philanthropie, Wohltätigkeit, Wohltätigkeitsorganisation, Spende oder Spendensiegel aufspannen, ist riesengroß und mit wenigen Worten nur schwer zu ordnen. Sehr schnell wird man Menschen auf die Füße treten, ohne es zu wollen. Wir sollten uns dennoch kurz in dieses Minenfeld begeben, denn es gibt eine gewisse inhaltliche Nähe der UN-Nachhaltigkeitsziele zu der steuerlichen Anerkennung der Gemeinnützigkeit nach deutschem Steuerrecht. Solche steuerlichen Aspekte spielen nicht nur in Deutschland für Wohltätigkeitsorganisationen und deren Konstruktion häufig eine wichtige Rolle. Hier steht wie beim Impact Investing und Impact-Unternehmertum die Absicht, etwas Gutes tun zu wollen, im Vordergrund, allerdings ohne zumindest in Richtung Finanzamt einen konkreten Nachweis erbringen zu müssen.

Ein Philanthrop ist von der Wortbedeutung her ein Menschenfreund. [26] In der Regel stellen Philanthropen anderen, z. B. wohltätigen Organisationen, (Geld-)Mittel zur Verfügung, ohne eine Gegenleistung zu erwarten. Die Abgrenzung zum Begriff der Spende ist schwierig, eine Möglichkeit dafür wäre die Definition über die Höhe des Betrags. Kleine und vereinzelte Unterstützungsleistungen sind Spenden. Wer mit großen Beträge unterstütz, ist ein Philanthrop. Ob Freikarten oder Gespräche mit einem Künstler, der von einem Philanthropen unterstützt wird, schon eine Gegenleistung sind, hängt vom Auge des Betrachters ab.

Ob ein Mensch, der mehrere Millionen sein Eigen nennt und davon ein Prozent spendet, »besser« ist als einer, der von seinem kleineren Einkommen pro Jahr zwei Prozent beisteuert, möchte ich bezweifeln. Schon diese wenigen Gedanken zeigen, dass eine Bewertung, ob tatsächlich etwas Gutes getan wird, durch das bloße Bereitstellen von Geldmitteln oder sonstiger Unterstützung durch einen Spender oder Philanthropen nicht möglich ist. Spenden oder Philanthropie sind also weder eine notwendige noch hinreichende Bedingung dafür, dass Gutes passiert.

Sobald ein Mittler zwischen jemandem, der einfach nur helfen oder Gutes bewirken möchte, und dem Handelnden bzw. Ausführenden steht, wird es kompliziert. Helfen und Unterstützen sind absolut geeignet, um in Notsituationen einen Beitrag zu leisten oder eine Herzensangelegenheit zu fördern. Dabei wird Vertrauen in die Menschen oder die Organisation benötigt, die das Geld oder die Unterstützung annimmt und entscheidet, was damit passiert. Dieses Vertrauen muss aber noch viel größer sein, wenn ständige Anpassungen der Tätigkeiten erforderlich sind – faktisch unternehmerisches Handeln. Für Organisationen ist es schwierig, über einen längeren Zeitraum Fundraising (Geld einwerben) und die schnelle Anpassung an Gegebenheiten effizient zu organisieren.

Wir sollten als nächstes einen Blick auf Organisationen werfen, die solche Gelder erhalten. Das sind in der Regel Wohltätigkeitsorganisationen oder Stiftungen. Die Vielfalt ist enorm. Nahezu jede Wohltätigkeitsorganisation hat einen Zweckbetrieb, der sich originär um die Not von Menschen, Umwelt und Tieren kümmert, und außerdem einen unternehmerischen Teil mit dem Ziel, wie ein normales Unternehmen Einnahmen zu generieren.

Egal ob das *Rote Kreuz*, kirchliche Träger oder die *Bertelsmann Stiftung*: Für Mitarbeiter und auch oft ehrenamtlich Mitwirkende in solchen Organisationen ist es nicht immer einfach zu unterscheiden, wann sie eher in einem Wirtschaftsbetrieb und wann sie in einer Wohltätigkeitsorganisation arbeiten.

Die gute Absicht steht im Vordergrund und zur Vereinfachung werden bestimmte Arten von Tätigkeiten als ausreichend positiv eingestuft. Der Nachweis einer Wirkungsweise von Organisationen ist sowohl im sozialen als auch im ökologischen Umfeld schwierig. Um diese Schwierigkeit zu umgehen, gibt es Ideen, wie ein solcher Nachweis gelingen kann.

Sozialrendite/Blended Value
Zur Lösung dieser Herausforderung wurde im Jahr 2002 die Idee des *Social Return on Investment (SROI)* von der *William and Flora Hewlett Foundation* erarbeitet und dann über die nächsten Jahre von einer Reihe Personen und Organisationen weiterentwickelt.[27] Ziel dabei ist es, den Wert, den Menschen in solchen Organisationen schaffen, darstellen und nachweisen zu können. Die Grundlage der Sozialrenditemethode ist die *ROI-Methode*.

ROI – Return on Investment

Man investiert 100 Euro, um einen bestimmten Erfolg zu erreichen. Der Mehrwert oder Erfolg, der durch das Investment entsteht, seien 10 Euro. Dann ist der Return on Investment (ROI) im einfachsten Fall Erfolg dividiert durch eingesetztes Kapital, also in diesem Fall 0,1 (stark vereinfacht, ohne zeitliche Dimension).

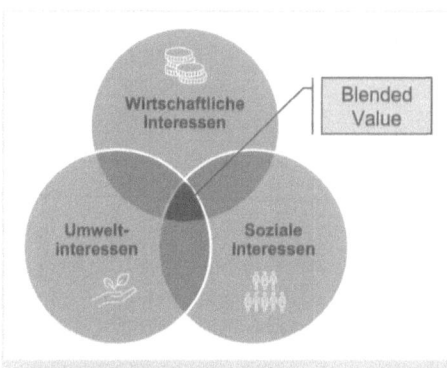

Abb. 12: Grundprinzip Blended Value (in Anlehnung an Jed Emerson 2003)

Im *sozialen Umfeld* geht es um die Messung der Investitionen für eine angestrebte soziale Veränderung und eine Bewertung der damit erreichten Vorteile. Die sozialen Veränderungen werden also über Modelle in Geldbeträge umgerechnet, damit man aus dem Verhältnis von Investition zu Ertrag eine Rendite errechnen kann.[28] Als angelsächsischer Begriff wird auch *Blended Value* verwendet, da sich der tatsächlich geschaffene Wert ja aus finanziellen, sozialen sowie ökologischen Erträgen speisen soll. Der wesentliche Nachteil dieser Methode ist, dass die gesamte Bewertung in die normale Finanzlogik hineingezogen wird. Doch was ist ein erreichtes Ziel im sozialen Umfeld tatsächlich wert? Und darf sich ein soziales Projekt überhaupt rechnen und wenn ja, nach welcher Logik?

Positiv hervorzuheben ist, dass das Blended-Value-Konzept drei Bereiche miteinander verbindet: Wirtschaft, Soziales und Umwelt – eben weil es Investitionen und Erträge aus allen drei Bereichen zusammenführt (siehe Abbildung 12). Das Konzept berücksichtigt jedoch nicht die Einbindung weiterer Stakeholder, die Kommunikation mit ihnen sowie die Erarbeitung gemeinsamer Ziele.

Wohltätigkeitsorganisationen tun sich also vor allem im sozialen Bereich schwer, die Wirksamkeit mit wissenschaftlichen Methoden nachzuweisen. Im nächsten Abschnitt betrachten wir die Besonderheiten einer speziellen Form von Wohltätigkeitsorganisation.

Besonderheiten bei Stiftungen

Stiftungen erhalten einen Kapitalgrundstock und mit ihrer Gründung einen Stiftungszweck, dem die Verwalter des Vermögens sich unterordnen müssen. Stiftungen sind damit ein geeignetes Konstrukt, um eine Idee über die Lebenszeit einer Person hinaus zu erhalten. Ein tolles Beispiel dafür ist der Nobelpreis, der bereits seit dem Jahr 1901 jährlich vergeben wird. Alfred Nobel verfügte, dass mit seinem Vermögen eine Stiftung gespeist werden sollte, deren Zinsen »[...] als Preis denen zugeteilt werden, die im verflossenen Jahr der Menschheit den größten Nutzen geleistet haben«[29].

Selten funktionieren Stiftungen so lange, stehen sie doch in dem Spagat, dass sie Geld nahezu risikolos anlegen müssen und nur die Erträge dem Stiftungszweck zuführen können. Zur Erfüllung des Stiftungszweckes werden eigene Mitarbeiter oder auch andere Organisationen eingesetzt. In einem Wirtschaftsunternehmen gibt es einen positiven Rückkopplungseffekt: Die Organisation erschafft einen Mehrwert, der als Ware oder Dienstleistung Erträge durch Kunden erlöst. Die Kosten und Einnahmen bedingen und beeinflussen sich in vielfältiger Form. Die ausgleichende Organisation dieser Tätigkeiten ist die Managementaufgabe in einem Unternehmen. In einer Stiftung hingegen besteht zwischen der Erzeugung der finanziellen Mittel über Geldanlagen des Stiftungsvermögens und den Maßnahmen zur Umsetzung des Satzungszieles (dem Produkt der Organisation) keine innere Verbindung. Es gibt also keinen logischen Qualitätskreislauf zwischen dem Output (oder auch Produkt) der Organisation und den Empfängern der Leistungen (den Konsumenten des Produktes).

Diese Entkopplung der Wirtschaftskreisläufe zwischen Leistung (Output) und Empfängern der Leistungen ist auch in anderen Wohltätigkeitsorganisationen zu finden.

Wirtschaftslogik in Wohltätigkeitsorganisationen

Auch in einer Wohltätigkeitsorganisation sind die wirtschaftlichen Kreisläufe nicht selbstverbessernd verbunden. Die Einnahmen erfolgen über das Fundraising, das Einsammeln von Spendengeldern. Dafür liefert die Organisation ein Produkt in Form von Projekten, Unterstützungsleistungen und Kampagnen. Die Kernleistung geht aber nicht an den Spender. Der Spender erhält ein Nebenprodukt, nämlich den Tätigkeitsnachweis, meist als Content in Form von Zeitschriften oder anderen Publikationen. Die Kernleistung geht auch hier ohne Rückkopplung an eine andere Gruppe.

Dies ist ein systematisches Problem von Wohltätigkeitsorganisationen im Allgemeinen und damit auch von Stiftungen. Denn hier gibt es keine logischen Qualitätsschleifen zwischen den Kosten und dem erzeugten Output. Die fehlende Rückkopplung ist letztlich eine große Herausforderung für alle Beteiligten am Prozess: für die Mitarbeiter innerhalb der Organisationen, für die Empfänger der Leistung, aber auch für die Spender. In kleineren lokalen Einheiten kann das notwendige Vertrauen durch direkte Beziehungen hergestellt werden. In größeren Organisationen kommen in der Regel unpersönliche One-to-many-Kommunikationskonzepte zur Anwendung, die auch im Marketingbereich eingesetzt werden.

In Kapitel 9 wird mit Social Impact Bonds ein Konzept vorgestellt, für das man Risikogeber benötigt. Sowohl größere Stiftungen als auch Wohltätigkeitsorganisationen mit ihrer Fähigkeit, Geldmittel einzuwerben, könnten ein völlig neues Betätigungsfeld erhalten, wenn sie als Risikonehmer auftreten. Wohltätigkeitsorganisationen können ihre echten Stärken vor allem im lokalen Umfeld mit direkten menschlichen Beziehungen ausspielen.

ESG-Frameworks können auch in Wohltätigkeitsorganisationen und Non-Profit-Organisationen helfen, einen Mindeststandard zu etablieren. Wie bei Unternehmen auch folgt ESG bei Non-Profit-Organisationen der Do-No-Harm-Logik. Das bedeutet, dass die Organisationen über die Frameworks nachweisen können, weniger Schaden an der Natur zu verursachen. Eine Marktdifferenzierung oder besondere Schwerpunkte in den Aktivitäten können von solchen ESG-Frameworks nicht geliefert werden.

Der Impact-Unternehmer kann Nachhaltigkeitsziele in das zentrale Geschäftsmodell aufnehmen und ein inklusives, also nicht ausgrenzendes, Zielbild für alle Stakeholder (Kunden, Mitarbeiter, Investoren, Anleger) kommunizieren. Die Verfolgung dieses Zielbildes erfolgt ebenfalls inklusiv, weil die Nachhaltigkeitsziele gleichberechtigt im selben Regelkreis verfolgt und überwacht werden.

Diese Chance zum inklusiven Wirtschaften haben Wohltätigkeitsorganisationen und damit auch Stiftungen nicht.

Zusammenfassung

Wohltätigkeitsorganisationen und auch Stiftungen können systembedingt nicht inklusiv wirtschaften, weil die wertschöpfenden Prozesse und damit die Produkte von der Einnahmenseite entkoppelt sind. Versuche, durch Konzepte wie die Ermittlung einer Sozialrendite die Wertbeiträge quantitativ zu erfassen, sind methodisch schwierig. ESG-Frameworks sind eine Möglichkeit zur Erreichung von Mindeststandards in Wohltätigkeitsorganisationen und auch in Unternehmen.

7 Wie schafft Impact-Unternehmertum einen Mehr-Wert?

Für Ungeduldige: Wert ist ein sozialer Prozess. Wachstum über Produktivitätssteigerungen funktioniert schon geraume Zeit nicht mehr. Es wird erläutert, wie Werte entstehen und wie der genaue Mehrwertmechanismus beim Impact Investing funktioniert. Denn Impact Investing ermöglicht es, die drei zunächst widersprüchlich erscheinenden Ziele Rendite, Verbesserung der Welt und Wertentwicklung unter einen Hut zu bekommen.

Werttheorien sind Spiegel unserer Zeit und haben sich über die Jahrhunderte stark verändert. Erst Ackerschollen als Wertspender, dann Marx mit seiner Arbeitswerttheorie und schließlich die Neoklassik mit dem Grenznutzen als Gleichgewicht zwischen Käufer und Produzent.

Wichtig ist zu verstehen, dass diese Theorien die Narrative bilden, auf denen unser gesamtes heutiges Wertegebäude beruht. Es ist ein Konstrukt aus der Gedankenwelt der ersten technischen Revolution der Dampfmaschine, an dem wir keinerlei Anpassungen vorgenommen haben. Diese Grundlage blieb bestehen, obwohl die Massenproduktion (*Ford*, 1913), die Mikroelektronik (1970er-Jahre) und die Digitalisierung (aktuell) unsere Produktionswelten und damit die Regeln komplett auf den Kopf gestellt haben.

So basiert die neoklassische Wertetheorie auf Annahmen wie perfekter Informationslage und Ressourcenknappheit, die in der digitalen Welt grundlegend nicht mehr passen.

Digitale Waren unterliegen keinerlei Knappheit, sondern sind im Gegenteil im Überfluss vorhanden. Nicht nur digitale Güter, auch physische stehen heute (nahezu) unbegrenzt zur Verfügung und unterliegen kaum einer Verknappung im Zugang. In digitaler Form können wir zu jedem Zeitpunkt auf Waren aus China oder nahezu jedem anderen Ort unseres Planeten zugreifen. Das Warenangebot ist so vielfältig, dass sehr fein differenzierte Angebote von ähnlichen, aber nicht gleichen Waren (nahezu) jeden Mangel ausschließen. Knappheit von Ressourcen im Sinne der Preistheorie kann damit grundsätzlich in Frage gestellt werden.

Zudem können wir die perfekte Informationslage in Frage stellen, obwohl diese durch das Internet anscheinend immer transparenter wird. Doch inzwischen ist uns angesichts der Fülle der verfügbaren Informationen bewusst geworden, dass wir nicht mehr am Zugang scheitern, sondern an deren Selektion und Interpretation.

Die Welt der neoklassischen Preistheorie ist damit an vielen Stellen für uns nicht mehr nachvollziehbar anwendbar. Beeinflusst wird der Wert nicht nur von den Einflussfaktoren, die etwas kosten, sondern auch von jenen, die augenscheinlich und zumindest aktuell nichts kosten. Auf vielen Gebieten können wir beobachten, dass der Preis den Wert und nicht der Wert den Preis bestimmt [30].

7.1 CO_2-Zertifikate und Bilanzierung

Viel diskutiert wird darüber, ob es sinnvoll ist, bisher externalisierte Ressourcen (wie Luft, Straßen, Wasser) in Zukunft in unsere Wirtschaftsbilanzen einzubeziehen. Konkret geht Deutschland das aktuell für CO_2-Zertifikate an. Dazu hat der Gesetzgeber zunächst den Ausstoß für CO_2-Emissionen für bestimmte Marktteilnehmer nach oben beschränkt. Hierzu gibt es Gesetze für die Energiebranche, einige Industrien und die Flugbranche.[31] Wenn nun ein Marktteilnehmer mehr CO_2 freisetzt, so muss er sich über den Handel der CO_2-Zertifikate mit dem Recht eindecken, diese Mehrbelastung freigesetzt zu haben. Im Gegenzug können Marktteilnehmer, die CO_2 einsparen, Zertifikate erzeugen und diese veräußern.

Die Firma *Tesla* erzeugt mit diesem Vorgehen einen Großteil ihrer Einnahmen: Das US-Unternehmen verkauft deutschen und anderen europäischen Automobilunternehmen seine eingesparten CO_2-Zertifikate. An diesem Beispiel offenbart sich deutlich ein konkreter Kritikpunkt. Es ist letztlich Willkür – oder positiv gesagt politischer Wille – des Gesetzgebers, dass die in Zukunft eingesparten CO_2-Ausstöße des konkreten Autos bilanzierbar, also anrechenbar sind. Doch die CO_2-Erzeugung durch die Herstellung der Batterie oder die »falsche« Erzeugung des im weiteren Autoleben benötigten Stroms finden in der Betrachtung keine Berücksichtigung.

CO_2-Zertifikate sind ein Instrument aus dem Demokratiekreislauf, welches einen Anreiz setzt. Über Gesetze dürfen bestimmte Industriebranchen in einigen Ländern nur noch bestimmte CO_2-Mengen ausstoßen, womit ein Marktmechanismus angestoßen werden soll. Mitnichten ist es so, dass wir damit in absolut sinnvoller Form einen Marktmechanismus in den Bereich der Nachhaltigkeit eingeführt haben.

Es ist ein sehr grobes Industrielenkungsinstrument, das immer komplizierter und vertrackter wird, je weiter wir es in zusätzlichen Branchen einführen. Die Ungerechtigkeiten und nicht nachzuvollziehenden Kapriolen werden deutlich zunehmen. Denn wie wollen wir bei der Herstellung eines Gerätes nachweisen, wer wieviel CO_2 verbraucht hat und ob wir gegebenenfalls durch ein Stück Software, eine Beschichtung oder eine besonders pfiffige Konstruktion in Zukunft noch CO_2 einsparen werden? Muss der Inverkehrbringer, der erste Käufer oder der Produzent das CO_2 bilanzieren?

Man sollte sich wegen der absehbar zunehmenden Schwierigkeiten nicht prinzipiell gegen CO_2-Zertifikate aussprechen. Es ist ein deutlicher Hinweis, dass CO_2-Zertifikate ein grobes Werkzeug zur Industriepolitik sind und wir uns davor hüten sollten, davon einen Großteil der Lösung zu erwarten. Der potenzielle Nutzen wird wahrscheinlich noch über drei bis sechs Jahre vorhanden sein, dann aber in ein Bürokratiemonster umschlagen.

Zudem sehen wir an diesem Beispiel, dass eine echte finanzielle Bilanzierung von Nachhaltigkeitsparametern immer das methodische Problem hat, dass die System-grenzen über Gesetze definiert werden müssen. Wieso wird die eine Tonne CO_2 ge-zählt und spielt eine Rolle, während eine andere nicht wahrgenommen wird?

Wie schon bei dem Beispiel der Sozialrendite (SROI) in Kapitel 6.2 erscheint eine Über-führung von Nachhaltigkeitskennzahlen in Finanzbilanzen kein gutes Modell zu sein, um auch im Alltag und im Kleinen nachhaltiges Handeln zu fördern und Motivation dafür zu schaffen. Gleichwohl sind konkret die CO_2-Zertifikate ein probates Mittel der politischen Industriesteuerung in Richtung Nachhaltigkeit auf einer groben Ebene.

Einen echten Wertbeitrag für viele Unternehmen bringt die CO_2-Bilanzierung damit nicht, denn sie ist ein künstliches Konstrukt, das an den Rahmenbedingungen der Staaten hängt und damit nicht sinnvoll im Wirtschaftskreislauf als Wertermöglicher genutzt werden kann.

Der übliche Werttreiber im Kapitalismus ist Wachstum – aber wird das in Zukunft noch weiter funktionieren?

7.2 Wachstum: ein Wertbeitrag innerhalb des Wirtschaftssystems?

Wertbeiträge durch Impact-Konzepte sollten also innerhalb des Wirtschaftssystems zu finden sein. Werfen wir einen Blick auf die Mechanismen, die bisher als Werttreiber fungiert haben.

Produktivitätssteigerung gilt als der zentrale (Wert-)Treiber für unser Wirtschaftssys-tem. Im Folgenden werden wir sehen, dass Produktivität als Wachstumstreiber und damit in Folge auch als Werttreiber schon länger nicht mehr funktioniert.

Der aktuelle Kapitalismus steckt bereits seit vielen Jahren im Dilemma eines zu ge-ringen Konsums fest, denn die Entwicklung der Nachfrage kann nicht mit der Steige-rung der wirtschaftlichen Produktivität mithalten. Dieses Dilemma des zu geringen

Verbrauchs gibt es schon seit Anfang der 1970er-Jahre: Das Wachstumsgespann aus Nachfrage und Konsum erreicht die Traumwirtschaftswachstumsraten von über acht Prozent in den 1920er-Jahren in der westlichen Hemisphäre bereits seit dem Ende der 1960er nicht mehr.

Seitdem versuchen vor allem die westlichen Staaten, dieses Problem zu lösen, zum Beispiel durch Verbraucherschulden oder Exportfokussierung, die sich auf Löhne und andere Elemente auswirken.[32] Auch die digitale Wirtschaft hat hieran nichts ändern können. Die Produktivitätsgewinne konnten durch Einführung digitaler Technologien nicht wieder an die Wachstumsraten in der westlichen Welt der 1950er- und 1960er-Jahre anknüpfen.

Echtes Wirtschaftswachstum über Produktivitätssteigerungen, wie wir es in den Nachkriegsjahren in den westlichen Industrieländern gesehen haben, erreichen wir also nicht mehr. In einer ähnlichen Situation sind jetzt Schwellenländer wie China und Indien, die ihre Wachstumsraten durch Einbeziehung von immer mehr Menschen in den Konsumkreislauf erzeugen. In den westlichen Industrienationen kann Wachstum fast nur noch durch staatlich induzierte Konsumanreize (Steuer- oder Subventionsimpulse) erreicht werden. Nichts anderes sollen die künstlich niedrig gehaltenen Zinsen erreichen. In Konsumkrisen wie der Coronapandemie werden der Wirtschaft dann mit gigantischen weiteren Ausgaben-Anreizprogrammen neue Wachstumsimpulse verabreicht.

Eine Wertsteigerung durch Impact Investing und Impact-Unternehmertum ist auf dieser Ebene der Produktivitäts- oder Konsumsteigerung nicht möglich. Impact Investing und Impact-Unternehmertum sind damit keine Werkzeuge zur Wachstumssteigerung. Die Frage bleibt also, ob und – wenn ja – wie die Impact-Welt einen Kapitalwertbeitrag leisten kann.

7.3   Wie entsteht Wert?

Einen materiellen Wert hat ein Wirtschaftsgut, wenn wir davon in Zukunft etwas erwarten können. Im persönlichen Konsumumfeld ist das ein Pferd, das mir die Ausübung eines Hobbys ermöglicht, oder ein Auto, das mir den Weg zur Arbeit erleichtert. Dabei erfolgt die Bewertung des persönlichen Wertes über den Preis (festgesetzt durch andere) und den zu erwartenden persönlichen Nutzen.

Bei Immobilien oder Unternehmenswerten erfolgt die Wertermittlung auf der Ebene des Käufers letztlich ähnlich. Die Preisermittlung ist hier spezifischer auf den individuellen Fall abgestimmt. Der Verkäufer und der Käufer orientieren sich vor allem an dem zu erwartenden Ertrag. Wie bereits beschrieben gibt es dann Faktoren in üblichen Bereichen zwischen sechs und zwölf, oder in Boom- und Hypezeiten auch deutlich darüber hinaus. Diese werden mit dem zu erwartenden Ertrag multipliziert, um den Wert der Immobilie oder des Unternehmens zu ermitteln.

Absolut wesentlich für solche zukunftsgerichteten Erwartungen ist die Stabilität des Umfeldes. Bei einem Multiple (Wertfaktor) von zehn auf den prognostizierten Gewinn geht man schließlich nicht nur davon aus, dass das Unternehmen selbst in der Lage ist, zehn Jahre zu existieren und sich zu entwickeln, sondern auch, dass die dafür notwendigen Rahmenbedingungen zu diesem Zeitpunkt noch immer vorhanden sind.

Wie selbstverständlich wird davon ausgegangen, dass das Rechts- und Wirtschaftssystem dann ebenfalls noch funktionieren wird und man sich auf Verträge verlassen kann. Man vertraut darauf, dass die Sonne morgens aufgeht und Käufer so viel Geld haben, dass sie sich die Produkte noch leisten können, dass keine politischen Unruhen und keine Naturgewalten die Kauflust der Konsumenten trüben. Ebenso steht in B2B-Geschäftsmodellen am Ende der Kette ein Konsument, der das Produkt, welches auf der Maschine produziert wird, kauft.

In einem Land, in dem diese Sicherheit nicht herrscht, können sich keine Werte entwickeln. Hier gibt es keine Sicherheit, dass der Ertrag auch nach mehr als zwei oder auch fünf Jahren noch abgeschöpft werden kann. Diese Unsicherheit reduziert damit ebenfalls den Faktor im Ertragswertverfahren von den üblichen Werten im Bereich von sechs bis zwölf auf einen Wert von unter fünf. Eine Wertsteigerung ist in einem unsicheren Umfeld nur schwerlich möglich.

Kleiner Exkurs: Römisches Reich

Die Wertestabilität hing auch schon vor 2000 Jahren vom Staatssystem ab. Es hat nur ein wenig anders funktioniert. Der zentrale Wirtschaftskreislauf des Römischen Reiches war die Eroberung. Der Staat hat seinen Bürgern ein modernes Staatswesen mit Steuern, Wahlmöglichkeiten für Bürger und einer verlässlichen Rechtsprechung zur Verfügung gestellt. Die Aufwendungen für einen solchen staatlichen Apparat sind enorm, weil dieser einen nicht unerheblichen Teil der Arbeitskräfte dem Produktionszyklus, über den der Wert geschaffen wird, entzieht. Eine Staatsquote von 20 Prozent für Beamte, Soldaten (nach außen) und Polizisten (nach innen) ist da schnell erreicht. Vor der Industrialisierung konnte dieser Wertbeitrag für die Aufrechterhaltung eines stabilen Staates nur über die kontinuierliche Expansion, also Eroberung und Unterwerfung anderer Staaten, aufrechterhalten werden. Das ist auch der Grund, warum es nach dem Zerfall des Römischen Reiches in Europa über 1000 Jahre lang nicht mehr so richtig weiterging. Erst als Innovationen und Handel neue Formen von Wertschöpfung ermöglicht haben, konnten sich wieder stabilere staatliche Systeme etablieren.

Der wesentliche Beitrag zur Bildung eines Wertes ist heute nicht mehr die Knappheit (der wesentliche Aspekt beim Gold und vielleicht auch beim Bitcoin), sondern die These der Stabilität von Planungen und Prognosen, die damit nur in extrem stabilen Staaten und Wirtschaftssystemen möglich ist.

Gold ist sicherlich ein Sonderfall, weil es knapp ist, es aber eben auch keine Rendite bringt und man es im Notfall nicht essen kann. [33] Gold fällt damit eine fast mystische Rolle als Wertspeicher in Krisenfällen zu, weswegen es auch schon Besitzverbote gegeben hat und Staaten einigen Aufwand betreiben, damit Gold nicht als eine einfache und skalierbare Wertspeichermöglichkeit fungiert (Mehrwertsteuer, Meldegrenzen). Gibt es noch andere Wertspeicher?

7.4   Wert als Kommunikationsprozess

Abgesehen von Gold kann man behaupten, dass es keine allgemeinen und universellen Wertspeicher gibt. Währungen, und damit deren Wert, hängen vom ausgebenden Staat ab. Sie unterliegen der systematischen Gefahr der Inflation, vor allem weil unsere Notenbanken nur angeblich unabhängig sind. Alle anderen Sachwerte wie Immobilien und Unternehmen unterliegen in ihrer Wertermittlung in einem als stabil geltenden Wirtschaftssystem vor allem der Überzeugung der Marktteilnehmer über potenzielle zukünftige Einnahmen.

Wert ist nicht speicherbar, denn der Großteil eines Wertes ist ein Kommunikationsprozess. Dies gilt zumindest für Sachwerte in stabilen Wirtschaftsräumen.

Daraus ergibt sich eine weitreichende Konsequenz: Wert kann über Kommunikationsprozesse geschaffen und zerstört werden. In Märkten heißen die standardisierten Kommunikationsprozesse *Transaktionen*. Einigen sich in einem Stadtviertel mehrere Käufer und Verkäufer auf einen deutlich höheren Wert für ein Grundstück, so steigt auf dem Papier der Wert aller Immobilien in diesem Stadtviertel. Er ist als Wert durch den Kommunikationsprozess der Transaktionen geschaffen worden. Analog funktioniert das auch in die andere Richtung, dabei werden Werte vernichtet. Genauso läuft Wertschöpfung am Aktienmarkt ab. Auf dem Weg nach oben, also bei steigenden Kursen, fühlen sich viele Anleger gut. Aber nur einem Teil gelingt es, den entstandenen Wert zu realisieren, bevor alle zum Ausgang laufen und die Kurse wieder zusammenbrechen.

Daraus lässt sich eine sehr fundamentale Aussage ableiten: Wert wird über Kommunikationsprozesse, in Märkten über Transaktionen, geschaffen und vernichtet. Und diese Aussage hat praktische Auswirkungen für Impact-Unternehmen.

7.5   Wert-Einflussfaktoren für Impact-Unternehmen

Zwei Impact-Unternehmen im selben Wirtschaftsraum, in der gleichen Branche und mit gleichem Gewinn können einen sehr unterschiedlichen Wert von den Anlegern zugesprochen bekommen. Es liegt sehr viel an Einschätzungen der Marktteilnehmer zu sogenannten weichen – und damit nur sehr schwer zu prognostizierenden – Einflüssen. Solche Einflüsse können sein:

- Qualität des Managementteams
- Zukunftsfähigkeit der eingesetzten Technologien
- Kommunikationsfähigkeiten wie Transparenz zu Investoren oder Kunden
- Markenkraft des Produktes
- Wachstumspotenzial
- Einschätzung der Marketingmaßnahmen
- Bewertung der Handelspartner

Aber vor allem kann dieser Unternehmenswert durch die Impact-Kennzahlen und die Impact-Logik der Investoren und Unternehmer beeinflusst werden:

- Sind die gewählten Impact-Ziele sinnvoll und nutzen sie unserem Planeten?
- Sind die Prognosen realistisch und wird die Prognose/Planung auch tatsächlich eingehalten?
- Sind die Impact-Ziele konsistent zu den Produkten?
- Kann die geplante Verbesserung tatsächlich nachgewiesen werden?

Im direkten Vergleich von zwei ähnlichen Impact-Unternehmen kann sich in Zukunft auf der Bewertungsebene das Unternehmen mit der besseren Impact-Logik durchsetzen.

Die Impact-Logik ist in der Lage, in maßgeblicher Form den Wert eines Unternehmens zu beeinflussen. Über den Kommunikationsprozess stehen dem Markt weitere Bewertungsfaktoren zur Verfügung, die er zur Wertermittlung heranziehen kann. Die Verfolgung von Nachhaltigkeitszielen (UN SDG 17) bietet ein Anreizsystem für inkrementelle Verbesserungen, die auch wieder wertbildend kommuniziert werden können. Der Impact-Ansatz versucht nicht, Nachhaltigkeit über zweifelhafte Methoden in einen Währungswert umzurechnen, sondern verlagert die Findung des realen Sachwertes auf die Marktkommunikation, wo sie zusammen mit vielen anderen Einflüssen sowieso stattfindet.

Der Kommunikationsprozess der Impact-Unternehmer/Investorlogik, bestehend aus der Auswahl der Wirksamkeitsparameter, der Vorabkommunikation sowie der Regelkreisanpassung mit kontinuierlicher Überprüfung, ist daher ein elementarer Beitrag zur Wertentwicklung eines Impact-Unternehmens. Impact-Unternehmen können somit die Nachhaltigkeitsziele aktiv verfolgen. Sie verändern und verbessern aktiv unsere ökologische und soziale Umwelt und können parallel dazu einen Mehrwert für Unternehmer und Investoren schaffen. Das klingt so positiv, dass wir am besten noch untersuchen sollten, ob wir aus diesem Wirtschaftskonzept nicht auch noch ein Wohlfahrtskonzept machen können.

7.6   Impact Investing und Impact-Unternehmertum ist keine Charity!

Die Grundlage der Impact-Investing-Idee besteht darin, dass konkrete Verbesserungen an den SDG 17 Zielen über messbare Veränderungen nachgewiesen werden. Das ist erstmal konkreter als der Output vieler Charity-Konzepte (siehe Kapitel 14). Insofern könnte man als Investor geneigt sein, sich mit einer geringeren Rendite für das Unternehmen, in welches man investiert hat, zufriedenzugeben. Denn schließlich tut man ja noch etwas Gutes.

Das wirklich Überzeugende an dem Konzept ist, dass die zu erwartende Wertentwicklung des Unternehmens unter der Verfolgung der Nachhaltigkeitsziele nicht leidet. Man bekommt also die drei zunächst widersprüchlich erscheinenden Ziele Rendite, Verbesserung der Welt und Wertentwicklung unter einen Hut. Dies wird gestützt durch eine Reihe von Untersuchungen der Rendite- und Aktienwertentwicklungen von Impact-Unternehmen. [34]

Impact Investing ist damit kein weiterer Versuch, mittelmäßige Ergebnisse beim nachhaltigen Handeln zu entschuldigen. Impact-Unternehmer müssen im Gegenteil noch mehr Dimensionen von Ungewissheiten managen und können dies nur mit Einsatz ihrer vollen Energie tun.

Unter diesem Glanz der Vorzüge von Impact Investing verblassen selbst bisherige hochgelobte Anlagekonzepte wie Value Investing und man kann sich fragen, ob Charity überhaupt noch eine so positiv bewertete Angelegenheit bleibt.

Zusammenfassung

Der Wert von Unternehmen und Immobilien hängt in langzeitstabilen Wirtschaftsräumen neben dem zu erwartenden zukünftigen Gewinn maßgeblich von Kommunikationsprozessen und weicheren Faktoren ab. Dadurch kann es keine echten Wertespeicher geben. Mit Impact Investing gelingt es, die drei zunächst widersprüchlich erscheinenden Ziele Rendite, Verbesserung der Welt und Wertentwicklung zu vereinen. Impact-Investoren dürfen sogar bei einem geringeren Risiko eine gleiche oder bessere Rendite erwarten.

8 Warum ist mehr Kreislaufdenke gut für Impact-Ökosysteme?

Für Ungeduldige: In unseren westlichen Werten steht das Individuum mit seinen vielen Freiheitsrechten im Vordergrund. Das führt uns allerdings nicht zu mehr Freiheit, sondern zu einer Regelungs- und Gerechtigkeitswut mit ständig neuen Gesetzen und Verordnungen. Wir selbst und unsere veränderte Sichtweise auf unsere Rolle in Kreisläufen sind ein wichtiges Element für ein zukünftig funktionierendes Impact-Ökosystem. Weitere Bausteine wie ESG als Methode, Protokolle, Ökobilanzen sowie andere Berufsgruppen werden betrachtet und eingeordnet.

Ein Blick in die Geschichte offenbart eine starke Betonung unserer individuellen Rechte gegenüber dem Staat. Im Rahmen der Aufklärung haben Philosophen wie Thomas Hobbes, John Locke, Jean-Jacques Rousseau und Immanuel Kant[35] ein neues, konsistentes, philosophisches Gerüst gebaut, welches das Individuum in den Mittelpunkt stellt. Dies ist das Gegenkonzept zum damals vorherrschenden Absolutismus, der seine Legitimation von einem noch höheren göttlichen Wesen erhält. Der Staat wird damit zum Verwalter der Interessen der Individuen.

Wir sollten uns erinnern, dass unser Gebäude der persönlichen Rechte und Freiheiten als Gegenbewegung zum absoluten Machtanspruch der Herrschaft entstanden ist. Auf alle diese Freiheiten können wir uns so lange beziehen, wie wir damit nicht die Freiheitsrechte anderer beeinträchtigen (Meinungs-, Gedanken-, Gewissens-, Religions-, Versammlungs-, Reise-, Berufs- und Informationsfreiheit). Diese geschichtliche Entwicklung scheinen wir heute nicht mehr zu kennen oder wollen uns daran nicht mehr erinnern. Es liegt am Individuum selbst, seine Freiheit nicht lautstark einzufordern, wenn es spüren kann, dass es mit seiner Position die Freiheiten anderer einschränkt. Wir können nicht auf unsere Freiheiten pochen und dem Staat die schwierige Aufgabe übertragen, eine neue Regel, ein neues Gesetz zu erlassen, welches bitte auch noch den nächsten Fall regelt. Dieses Bestehen auf eigene Freiheiten scheint die Ursache zu sein für die Schaffung immer neuer Regelungen, gerade bei uns in Deutschland. Damit erreichen wir keine zunehmend gerechtere Welt, sondern mauern uns nach und nach mit immer mehr Regeln ein.

Ein Beispiel dafür ist unser Steuersystem, das im internationalen Vergleich als komplex eingestuft werden kann. [36] Wir bemühen uns hier um einen hohen Gerechtigkeitsgrad, der aber die Komplexität für alle erhöht. Auch für das menschliche Zusammenleben haben sich zahlreiche gesetzliche Regelungen entwickelt. Wer auf eine gute Nachbarschaft hofft, sollte auf viele seiner formalen Rechte verzichten. Denn die Rechtslage ist kompliziert. [37]

Im politischen Diskurs gelingt es Gruppen, die demokratisch, also auf Basis mehrheitsbasierter Entscheidung, nicht relevant sind, sich in nahezu fundamentaler Form Gehör zu verschaffen. Diese Gruppen begründen dies meistens damit, dass aus ihrer Sicht sehr grundlegend verankerte Freiheitsrechte in Gefahr sind. Querdenker, Rechtsextreme, Verschwörungstheoretiker und Coronaleugner erhalten eine mediale Präsenz und damit eine Aufmerksamkeit, die deutlich über ihren Stimmenanteil in der Bevölkerung hinausgehen. [38]

Wenn wir in Zukunft auf unsere Freiheit pochen und nach einer neuen Regel rufen, mit der unser Recht abgegrenzt wird, sollten wir bedenken, dass staatliche Regeln uns nur beschränken können und keinen weiteren aktiven Gestaltungsraum eröffnen.

Die gute Nachricht ist: Es gibt einfache Möglichkeiten, im Kleinen anzufangen und Dinge zu ändern. Statt zuerst an unsere persönlichen Rechte und Freiheiten gegenüber dem Staat zu denken, könnten wir stärker gruppenzentriert in Wir-Form denken. Wir könnten die Belange unserer (näheren) sozialen Gruppen wie Familie, Nachbarschaft oder Unternehmenskollegen in den Mittelpunkt unserer Gedanken rücken. Das ist ein Teilaspekt von inklusivem Handeln. Dabei geht es nicht darum, unsere Rechte gegenüber dem Staat aufzugeben. Es geht um das Einbeziehen der Belange der anderen. Dieser kleine Unterschied würde uns auch bei der Umsetzung der SDG 17 Nachhaltigkeitsziele ein großes Stück weiterbringen.

Es gibt noch weitere Auswirkungen von zu vielen und vor allem zu schnellen Regelanpassungen.

8.1   Weniger Interventionen durch die Politik – mehr Kreislaufdenke, mehr Wir

In Kapitel 5 haben wir gesehen, wie unser gesellschaftliches System als Regelkreis aufgebaut ist. Politik, Wissenschaft, Medien und Wähler bilden den Regelkreis der Demokratie. Dieses System bringen wir in jüngerer Vergangenheit durcheinander mit sehr kurzfristigen, schnellen Regelanpassungen. Dabei ist das System durch den mehrstufigen Verabschiedungsprozess abgesichert gegen schnelles Ändern, damit nichts Unüberlegtes geschieht. Für Gesetzesänderungen zum Beispiel gibt es Lesungen im Parlament, Beratungen in Ausschüssen und ein Absegnen durch den Präsidenten. Das System ist nicht ideal geeignet für Ereignisse wie Corona, Katastrophenhilfe oder andere Ausnahmeerscheinungen. Der mediale Druck und unsere falschen Erwartungen führen zu immer mehr Eingriffen (Interventionen), da Politiker schließlich gute Umfragewerte benötigen.

Egal wofür einige Bürger neue Regelungen fordern – seien es Nothilfeprogramme, die nur selten bei den Betroffenen ankommen, oder die nächste Optimierung der Pendlerpauschale: Es hat sich eingebürgert, lautstark auf seine Rechte zu pochen, Aufmerksamkeit mit Hilfe von Medien zu organisieren und darüber zu klagen, dass die Welt unendlich ungerecht ist. Doch wir sollten uns überlegen, welche dieser Änderungen wir wirklich brauchen. Profitiert das Gesamtsystem von ihnen und wird es wirklich gerechter? Und für unsere Zukunft entscheidend: Geht es unserem Planeten und vielen anderen Menschen danach besser?

Jede neue Regel mit einer positiven Ausnahme für mich ist eine Verbotsregel für viele andere. Mit mehr Verständnis dafür, wie Gesellschaft, Demokratie und Wirtschaft in ihren Kreisläufen funktioniert, brauchen wir weniger Regelanpassungen. Mit mehr Wir-Denke beharren wir vielleicht weniger auf unseren Rechten. Und durch geringeren Stress über die nächste Ungerechtigkeit im System denken wir vielleicht mehr an die Gesamtzusammenhänge auf unserem Planeten.

Neben unserem Gerechtigkeitssinn, der uns das Wir und die Kreisläufe sowie das große Ganze vergessen lässt, gibt es noch etwas anderes, das über allem steht: unsere Werte.

Exkurs: Werte und Kultur in Unternehmen und Organisationen

In unserer Erziehung sind Werte uneingeschränkt positiv belegt. Ben Horowitz liefert in seinem Buch »What You Do Is Who You Are « eine Begründung, warum es seiner Ansicht nach nicht auf die Werte ankommt: »Die Samurai nannten ihre Prinzipien ›Tugenden‹ und nicht ›Werte‹; Tugenden sind das, was man tut, während Werte nur das sind, was man glaubt.«[39]

Viele Wertediskussionen führen uns in die Welt des Fundamentalismus. Und darum sollten wir mindestens in unserer Geschäftswelt einen großen Bogen machen. Stattdessen sollten wir darüber nachdenken, was und wie wir etwas tun, den Blick öffnen auf die Einbindung der anderen im Gesamtsystem. Ben Horowitz beschreibt in seinem Buch mit vielen Beispielen, dass unser Tun bestimmt, wer wir sind. Werte sind im Grunde wertlos, wenn sie Überzeugungen statt Handlungen betonen. Kulturell gesehen bedeutet das, was man glaubt, fast nichts. Was man tut, zeigt, wer man ist

Mehr gibt es eigentlich nicht hinzuzufügen, außer: mehr Wir und mehr Kreislauf. Aber wie passt das in die ESG-Logik?

8.2   ESG und Regeln als Basis für Kreislaufdenke

Mit dem Blick auf den positiven Einfluss von Kreisläufen sind ESG-Frameworks (siehe Kapitel 10) mit ihrer Do-No-Harm-Logik ein Teil der Mindestregeln neben den Gesetzen, die wir in einem aktiven Unternehmens- oder Organisationsregelkreis benötigen.

Impact-Unternehmertum braucht als Basis stabile ESG-Frameworks und einen Verbesserungskreislauf zur Weiterentwicklung dieser Modelle. Auch im ESG-Umfeld brauchen wir nicht immer mehr Gesetze. Es gibt genügend Dinge, die wir über Frameworks von vertrauenswürdigen Organisationen ausreichend regeln können. Mit dieser Logik würde man versuchen, eine Frauenquote für Aufsichtsräte nicht in einem Gesetz zu verankern, sondern über ESG-Maßgaben zu regeln.

Hilfreich für eine Weiterentwicklung von Frameworks sind Kommunikationsmuster, also Protokolle; denn diese können helfen, Kreisläufe zu etablieren und sichtbar zu machen. Dies kann eine zeitliche Strukturierung über Zyklen sein wie in der agilen Entwicklung, die Etablierung von Kommunikationsmustern wie das Daily-Stand-up-Meeting und Rollen wie *Scrum Master* mit einem kommunikativ festgelegten Rahmen (Details siehe https://www.scrum.org/).

Übrigens: Bei den vielen Vorzügen, die Familienunternehmen haben, wie die langfristige Ausrichtung ihrer Handlungshorizonte, gibt es einen Punkt, in dem sie sich gegenüber Investoren/Unternehmerkonstellationen schwertun: Investor und Unternehmer können einen Regelkreis bilden, der dem Unternehmen eine Menge Impulse, Energie, Netzwerk und Erfahrung bringt. Bei inhabergeführten Unternehmen entfällt diese Ebene, in Familiensituationen ist sie häufig schwierig. Denn die Gedanken von Familienmitgliedern als Mitinhaber werden oft negativ als Einmischung und nicht als Bereicherung empfunden.[40]

Kreislaufdenke ist also ein starkes Konzept, um in vielen bekannten Situationen einen Verbesserungsprozess aufzusetzen. Ein in diesem Zusammenhang häufig genutztes Werkzeug ist die Ökobilanzierung. Doch lassen sich die Gedanken so einfach übertragen?

8.3   Erzeugt Ökobilanzierung auch Kreislaufdenke?

Wir haben bereits über die Versuche gesprochen, die Nachhaltigkeitswelt über Konzepte wie Sozialrendite (SROI) an die Finanzwelt anzudocken. Und wir haben die Schwierigkeiten gesehen, die entstehen, wenn man Parameter wie CO_2 in Bilanzlogiken einspannt.

Wenn wir versuchen, auf immer mehr Systeme mit einer Kreislaufdenke zu schauen, lohnt sich auf jeden Fall ein Blick auf das *Life Cycle Assessment (LCA)*, ein Ökobilanzkonzept für Produktunternehmen. [41] Eine der LCA-Methoden betrachtet dabei den Produktlebenszyklus von der Wiege bis ins Grab eines Produktes (*Cradle to Grave*). Es geht konkret darum, alle bilanzierungsrelevanten Daten vollständig zu erfassen und dadurch auf Produktebene zu Bilanzierungen zu kommen.

Das Verfahren ist bereits in einer DIN/ISO beschrieben (14040/14044). Basis für die Bewertung sind entweder von den Unternehmen erfasste Daten oder Produkt- und Prozessdatenbanken, aus denen die Daten für Einflüsse auf das Ökosystem für die Bilanzerstellung entnommen werden können. Beispiele hier sind *Life Cycle Inventory (LCI)* und *Life Cycle Assessment (LCA).* Eine LCI-Datenbank stellt Sachbilanzdaten von Produkten mit Angaben zu Energie-, Material- und Emissionsflüssen bereit, während LCA-Datenbanken Informationen zu ökologischen Fußabdrücken von Produkten darlegen. Für die Produkte werden die Bilanzdaten von Rohstoffgewinnung über Herstellung, Distribution, Nutzung bis hin zur Entsorgung zusammengetragen. Der Anspruch ist, Umweltauswirkungen nicht mehr zu externalisieren, sondern alle Entnahmen sowie auch Emissionen zu erfassen und über den Produktlebenszyklus zu bilanzieren.

Für Unternehmen ist dies ein wichtiger Schritt, der sehr viel Aufwand bedeutet, wenn Daten selbst erfasst werden. Sofern Daten aus den LCI- und LCA-Datenbanken verwendet werden, ist dies zugleich sicherlich auch der größte Schwachpunkt, weil es sich nicht um eigens erfasste Daten handelt, sondern um von anderen bereitgestellte Retortendaten. Hier sind Transparenz und gute Erläuterungen sowie konsistente geografische und zeitliche Erfassungsrahmen geeignete Mittel, um die Datenqualität zu verbessern und Mindeststandards zu etablieren. Die Bemühungen von Unternehmen, Ökobilanzen zum Beispiel für Produkte zu erstellen, um gesamte Kreisläufe zu erfassen, ist gut und notwendig. Es ist ein weiterer Schritt, einer realistischen Gesamtbilanzierung näherzukommen.

Ökobilanzierung ist ein wichtiger Baustein, um Kreislaufdenke in Unternehmen zu fördern und weiterzubringen. Im nächsten Schritt untersuchen wir, welche weiteren Bausteine für ein funktionierendes Impact-Ökosystem noch benötigt werden.

8.4 Wer und was gehört alles zu einem funktionierenden Impact-Ökosystem?

Bisher haben wir vor allem von Impact-Unternehmern und Impact-Investoren gesprochen, die als Team in der Lage sind, einen neuen Spin in die klassische VC-Logik zu bringen, indem sie weitere Wirksamkeitskennzahlen und -ziele mit in die Planung und das Berichten einbeziehen und so ein Unternehmen zum Impact-Botschafter machen.

Wenn wir anfangen, auch hier in Kommunikationskreisläufen zu denken, bedarf es weiterer Rollen, um das gesamte Impact-Ökosystem zu entwickeln und zu befeuern. All diese Menschen in ihren Rollen sollten wir begeistern und in unsere Impact-Ökosysteme einbinden:

- *Mentoren*: Den ersten Kontakt haben Unternehmer und Entrepreneure regelmäßig mit Mentoren. In dieser Rolle brauchen wir nicht mehr die pensionierten Berater, die über IHK-Kontakte ihre Rente ein wenig aufbessern, indem sie versuchen, ein paar Start-ups zu begleiten. Stattdessen brauchen wir Impact-Mentoren mit einem Gesamtverständnis dafür, was Unternehmer benötigen und wie man die entscheidenden Schritte in die Impact-Welt geht.
- *Influencer*: Die großen und kleinen Influencer, die perfekte Wellenreiter auf den Ozeanen der Aufmerksamkeit sind, können als professionelle Botschafter für die Marketingstrategien eingebunden werden.
- *Akzeleratoren*: Das sind die Beschleuniger, die heute vor allem auf Finanzzahlen schauen, Growth Hacking[42] anbieten und lehren sowie ihre Netzwerke einsetzen, um junge Unternehmen nach vorne zu bringen.
- *Capital Provider*: Das Geld kommt vor allem von Venture-Capital-Gebern oder Private-Equity-Gesellschaften. Dahinter stehen private und institutionelle Anleger und Investoren.
- *Ecosystem Shaper*: Das sind die vielen Organisationen, die manchmal universitätsnah, manchmal wirtschaftsnah helfen, die Ökosysteme in Städten zu entwickeln. Häufig sind es erfolgreiche Unternehmer, die sich auf die Fahne geschrieben haben, sich ab jetzt um Start-ups zu kümmern und der Welt etwas zurückzugeben.

Um die Impact-Idee zu einem Impact-Ökosystem weiterzuentwickeln, brauchen wir viele Menschen, die mitmachen. Dann können lebendige Ökosysteme entstehen.

Zusammenfassung

Mit mehr Wir-Denke, einem Verständnis für Kreislaufsysteme und der Einbindung von ergänzenden Systemen und Berufsgruppen können wir Impact-Ökosysteme aufbauen und gestalten. Die Aufklärung hat uns zu Rebellen gegen den Staat gemacht, anstatt uns als Teil davon zu verstehen. Wir sollten den Fokus vom Recht auf persönliche Freiheit auf das Gesamtverständnis von Kreislaufsystemen umstellen. Dann begreifen wir auch einfacher, dass für funktionierende Impact-Ökosysteme viele weitere Bausteine wie Ökobilanzen, sich weiter entwickelnde ESG-Frameworks, aber auch Berufsgruppen wie Mentoren, Akzeleratoren und Ecosystem Shaper wichtig sind. Das alles geht nur zusammen.

9 Wie wirken Wirkungskredite und Innovationen als Impact-Turbo?

Für Ungeduldige: Denken wir Impact Investing noch größer. Social Impact Bonds (SIBs, soziale Wirkungskredite) sind ein relativ neuer und noch wenig erforschter Baustein für die Erzielung von sozialem Impact. Wie müsste diese Idee weiterentwickelt werden, damit man Wirkungskredite auch für neue Formen der Risikoverteilung im gesamten Impact-Spektrum (also ökologisch und sozial) einsetzen kann? Die Bausteine und Elemente werden vorgestellt und daraus eine neue Systemwelt für Leistungsbeziehungen in der NGO-Welt (Non-governmental Organisation, dt. Nichtregierungsorganisation) entwickelt.

In den bisherigen Kapiteln haben wir gesehen, dass die wesentlichen Elemente des Impact-Unternehmertums zum einen die messbare Veränderung einer Wirkung auf die 17 SDG-Ziele ist und zum anderen die Bewertung dieser Auswirkung auf die Wertebene der Geschäftsanteile verschoben wird (Blickwinkel über die Kapitalinvestition). Andere Versuche, soziale Renditen zu ermitteln und soziale oder ökologische Bilanzierungen zu erfassen, um Wirksamkeit in eine Finanzzahl umzurechnen, haben große methodische Schwächen.

Impact Investing und Impact-Unternehmertum stellen damit einen Zusammenhang her zwischen dem Erreichen von Veränderungen der Impact-KPIs, ggf. auch Nutzern der Produkte und Services des Unternehmens, dem Unternehmer, den Mitarbeitern und den Investoren. Für sie alle ist die Veränderung der Impact-KPIs Ansporn, Kaufgrund, Investitionsgrund oder Erfüllung durch Sinnstiftung bei der Arbeit. Das besondere finanzielle Risiko trägt beim Impact Investing der Unternehmer.

In der Finanzwelt gibt es eine Reihe von Konzepten, wie Risiken auf verschiedene Teilnehmer im Finanzmarkt verteilt werden können, zum Beispiel durch Optionen, Hedges oder andere Absicherungsgeschäfte. Die Frage ist nun, ob es auch in der Impact-Welt Möglichkeiten gibt, die Risiken anders zu verteilen als lediglich auf den Investor eines Unternehmens und den Unternehmer.

Wenn wir einen Blick auf den sozialen Sektor in den westlichen Industriestaaten werfen, so ist die Situation übergreifend sehr ähnlich. Die Staaten und Kommunen stehen vor großen sozialpolitischen Herausforderungen. Der Staat tut sich schwer, Leistungen für Sozialhilfe, Flüchtlingsunterstützung, Pflege oder Arbeitslosigkeit sachgerecht und finanziell effizient zu organisieren. Es gibt also einen großen Anreiz, nach alternativen Organisationsformen zu suchen und sie auch auszuprobieren. *Pay-for-Success-Ansätze* (Bezahlung bei Erfolg) erhöhen die Innovationskraft für Lösungen und stellen dem Staat Einsparungen in Aussicht.

Auf Basis dieser Herausforderungen ist der Social Impact Bond als neues Modell geschaffen worden. Der erste soziale Wirkungskredit wurde im Jahr 2010 von der Organisation Social Finance UK organisiert. Gedanklicher Konstrukteur ist Sir Ronald Cohen, ein britischer Venture Capitalist und Philanthrop. In dem Projekt ging es um die Verbesserung der Rückfallquote von Gefangenen. Seitdem wurden ca. 30 weitere Projekte mit ähnlicher Konstruktion initiiert. [43]

Als nächstes schauen wir uns an, was einen sozialen Wirkungskredit ausmacht.

9.1   Wie funktioniert ein sozialer Wirkungskredit?

Es geht um eine neue Form der Verteilung von Risiken, um komplexe soziale Probleme anzugehen. Der Risikoträger letzter Instanz in unserem Sozialstaat ist gegenwärtig der Staat selbst. Mit den vielen Regeln und Vorschriften fällt es ihm allerdings schwer, Probleme an der Wurzel anzupacken. Daher brauchen wir aktives Handeln anderer Akteure.

Wenn ein sozialer Leistungserbringer, das sind in Deutschland regelmäßig die großen Wohlfahrtsorganisationen (*Caritas*, *Diakonie* und weitere), eine neue Idee hat, wie ein soziales Problem konkret und unter Nachweis der Veränderung von bestimmten Kennzahlen verbessert werden kann, dann wird dafür ein Budget benötigt. Das benötigte Geld leiht sich das soziale Unternehmen über einen sozialen Wirkungskredit bei Spendern. Durch den sozialen Wirkungskredit wird die Spendenbeziehung entscheidend verändert. Denn aus dem Spender wird ein Risikoträger, der den Verlust des Kapitals in Kauf nimmt, so wie er es bei der Spende ebenfalls tut, indem er das Kapital ohne Gegenleistung weggibt. Beim sozialen Wirkungskredit trägt der Risikonehmer (ehemals Spender) das Risiko des Verlustes, wenn der Projektträger (Wohlfahrtsorganisation / Unternehmen) es nicht schafft, das Projekt erfolgreich abzuschließen, also die Kennzahl, zum Beispiel die Rückfallquote der Gefangenen, von 25 auf 13 Prozent zu reduzieren.

Wenn der Projektträger es schafft, das Ziel zu erreichen, dann springt der Staat für die Kosten ein, weil dieser letztlich den Nutzen hat. Denn durch Verringerung der Rückfallquote hat er weniger Ausgaben auf anderen Ebenen der sozialen Leistungssicherung.

Wesentliche Elemente eines sozialen Wirkungskredits sind also:
* ein Vertrag zwischen der öffentlichen Hand (dem Nutznießer der Verbesserung) und einem Unternehmen (oder einer Sozialeinrichtung), welches das Erreichen einer konkreten Veränderung von sozialen Kennzahlen zusagt und dafür eine vereinbarte Vergütung erhält,

- eine Vorfinanzierung der Leistung über den sozialen Wirkungskredit durch Menschen oder Institutionen, die das Risiko des Scheiterns übernehmen,
- ein Intermediär, der die gesamte Organisation der Verträge und das Aufsetzen des eigentlichen Projektes übernimmt. In der Regel ist er der Initiator, Organisator und auch die Instanz, die – zum Beispiel über einen Gutachter – für die Beurteilung der erbrachten Leistungen sorgt. Alternativ kann die Rolle des Gutachters durch eine weitere Instanz eingenommen werden.

Abbildung 13 zeigt das komplexe Zusammenspiel der Mitwirkenden nochmals in grafischer Form.

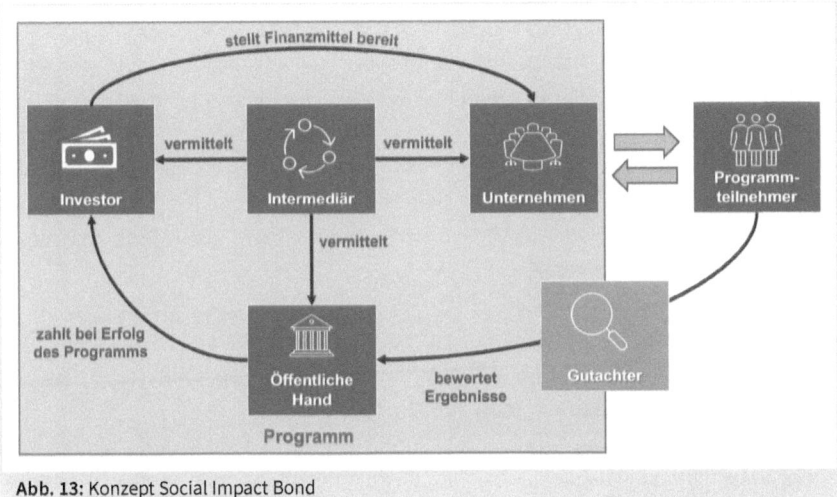

Abb. 13: Konzept Social Impact Bond

Die Komplexität des Ansatzes mag bei erster Beschäftigung hoch erscheinen, weil viele Parteien eingebunden sind und das Vorgehensmodell noch nicht standardisiert ist. Es ist auf jeden Fall ein vielversprechendes Modell, um Innovation und Wirkungsorientierung in sozialen Programmen einzuführen. Bisher gibt es jedoch in Deutschland nur wenige Beispiele.

Beispiel: Familien besser unterstützen

Der Landkreis Osnabrück hat mit der *Bertelsmann Stiftung* durch einen Kreistagbeschluss im September 2017 ein Projekt mit dem Ziel gestartet, »[…] Familien zu stärken und ihnen die Entscheidung für ein Leben mit Kindern zu erleichtern«. Auf der Website des Landkreises Osnabrück heißt es weiter: »Wir wünschen uns starke Familien, die in einem familienfreundlichen Klima das Familien- und Berufsleben gut miteinander vereinbaren und ihre gesellschaftliche Teilhabe aus eigener Kraft sichern können.«[44]

Der Landkreis Osnabrück nutzt dazu, unterstützt durch die *Bertelsmann Stiftung*, einen Social Impact Bond, »[...] um das Angebot der Erziehungshilfen für Eltern zu erweitern und im Hinblick auf die Passgenauigkeit zu verbessern. Dabei beschreitet der Landkreis Osnabrück einen völlig neuen Weg der Finanzierung«.[45]

In den bisher durchgeführten Projekten gibt es noch einige Einschränkungen. Die Frage ist also, wie man das volle Potenzial des Wirkungskredites entfalten kann.

9.2 Wirkungskredit reloaded

Bisher wurden solche Projekte vor allem im sozialen Umfeld durchgeführt. Die Projektanzahl kann als gering eingestuft werden, wahrscheinlich gibt es weltweit (Kanada, USA, Großbritannien, Deutschland) weniger als 30 angefangene Projekte.

Der Staat scheint immer der letztliche Vertragspartner zu sein, der wegen der Einsparungen oder Auswirkungen auf Sozialleistungen die Projekte übernimmt. Auch erweckt es den Anschein, dass bisher vor allem soziale Träger die Rolle der Leistungserbringer eingenommen haben.

Wenn wir die Konstruktion des Wirkungskredites generell auf die in diesem Buch beschriebene Welt des Impact-Unternehmertums übertragen, ergeben sich aus meiner Sicht ganz neue Möglichkeiten für die Skalierung.

Wir können damit völlig neue Geschäftsmodelle unter Einbindung der in früheren Kapiteln beschriebenen Marktteilnehmer entwickeln und einsetzen:
* Stiftungen
* Philanthropen
* Wohlfahrtsorganisationen
* Spender/Charity

Impact-Unternehmer können komplett impactorientierte Strategien entwickeln und aufsetzen. Der Betrieb des Geschäftsmodells wird nicht durch Kunden bezahlt, die für ein Produkt oder einen Service zahlen. Der Impact entsteht parallel zum Kundennutzen. In einem solchen Modell könnten Impact-Unternehmen, die ihre Wirkung erfolgreich nachweisen, direkt von Stiftungen oder Philanthropen »bezahlt« werden.

Ein Impact-Unternehmen könnte von einer Stiftung pro Tonne Plastik, die aus dem Meer gefischt wird, einen festen Preis erhalten. Damit verlässliche Märkte entstehen können, müssten die Organisationen, die Kapital für Impact bereitstellen, Zusagen über Leistungsmengen oder Budgets über mehrere Jahre geben.

Soziale Projekte haben ihre Besonderheiten: Damit eine Stiftung oder Spendenorganisation immer für einen konkret messbaren Output bezahlt und der Impact-Unternehmer keine unkalkulierbaren Risiken im sozialen Umfeld eingehen muss, können weiterhin soziale Wirkungskredite eingesetzt werden. Spender und Charity-Organisationen, die bisher auch verlorene Zuschüsse zu Projekten gespendet haben, tragen das Risiko von sozialen oder anderen Risiken, die nur im geringen Umfang von der Umsetzungsqualität des Impact-Unternehmens abhängen.

Impact-Unternehmen können in Zukunft traditionelle Wohlfahrtsorganisationen sein, die wir heute schon kennen, oder ganz neue Start-ups sowie Unternehmen, die in professioneller Form reine Impact-Ziele verfolgen und dafür von Impact-Kapitalgebern honoriert werden.

9.3 Eine Revolution im NGO-, Stiftungs-, Spenden- und Philanthropieumfeld

In dieser neuen Impact-Welt könnten einige Nachteile der heutigen NGO-, Stiftungs- und Spendenwelt vermieden werden und sich in neuer Form entwickeln.

All diese Organisationen haben aus ihrer Historie ihre Mission, ihren Stiftungszweck und ihre Aufgabe erhalten. Nach deutschem Spendensteuerrecht wird sogar der Erhalt von Dampflokomotiven und auch das allgemeine Brauchtum gefördert. Unter dem Impact-Aspekt sollten wir hier ohne jede Wertung den Fokus auf die Verfolgung der 17 UN-Nachhaltigkeitsziele beschränken.

- Aus NGO- und Wohlfahrtsorganisationen, die heute schon viele Menschen beschäftigen, um Dinge konkret umzusetzen, könnten sich Impact-Unternehmen entwickeln, die konkret messbaren Outcome produzieren und ihre Wirkung nachweisen.
- In einen positiven Wettbewerb können nun Impact-Unternehmen entstehen, deren Erlösmodell sich komplett auf die Produktion von Leistungen bezieht, die über Impact-Kapital bezahlt werden.
- Aus Stiftungen, Spendensammelorganisationen, Charity-Organisationen und Philanthropen, die bisher schon Geld in Projekte investiert und eine Wirkung entfaltet haben, können in Zukunft spezialisierte Einrichtungen werden, die Impact-Kapital bereitstellen, um Impact-Unternehmer zu bezahlen. Damit lösen sie in den bisher vorgestellten Projekten mit sozialen Wirkungskrediten den Staat als letztlichen »Bezahler« ab.
- Aus einem anderen Teil solcher Organisationen können sich Sammelstellen für Kapital zur Auswahl und Anlage in sozialen Wirkungskrediten entwickeln.
- Spezialisierte Impact-Intermediäre können Bedarfe und Business-Cases zusammenführen und auf Innovationsmarktplätzen anbieten. Es ist davon auszugehen,

dass sich standardisierte Verträge und standardisierte Leistungsbeschreibungen etablieren werden.

- Staatliche Stellen (Kommunen, Städte etc.) können zur Erfüllung ihrer hoheitlichen Aufgaben erheblich einfacher auf standardisierte Leistungsbausteine zugreifen und sich überlegen, in welchen Bereichen sie zur Erfüllung ihrer Aufgaben auf »Vorprodukte« zur Beeinflussung von sozialen Umfeldern zurückgreifen.
- Impact-Unternehmer erhalten einen ganz neuen Wirkungsraum und können in Zukunft entscheiden, ob sie ein Impact-Geschäftsmodell aufbauen, das seine Erlöse aus normalen B2B- oder B2C-Kundenbeziehungen erwirtschaftet, oder ob sie auf ein Impact-Geschäftsmodell setzen, welches komplett über Impact-Kapital honoriert wurde.
- Impact-Investoren können diese neuen, reinen Impact-Unternehmen und -Unternehmer genauso finanzieren wie endkundenorientierte Unternehmen.

Grundsätzlich lassen sich mit dieser Impact-Logik echte Leistungsbeziehungen im bisherigen Non-Profit-Bereich aufbauen, die eine deutlich stärker unternehmerisch geprägte Professionalität aller Leistungspartner erfordern. Dadurch ist davon auszugehen, dass die Qualität der Leistungen und der konsistente Nachweis einer Wirkung für Spender deutlich verbessert werden können.

Ein weiteres Element ist für die Beschleunigung des Wirkungskreditkonzeptes unerlässlich: **Innovation**.

9.4   Innovation als Grundlage für eine Systemveränderung im Umwelt- und Sozialumfeld

Die Grundlage dieser möglichen Veränderung ist Innovation. Unser Wirtschaftssystem ist absolut geeignet, um Innovation hervorzubringen, also zu entwickeln, zu entdecken und anzuwenden. NGOs, Spendensammelorganisationen sowie Stiftungen hingegen sind ebenso wie nahezu der gesamte soziale Bereich durch ihren systemischen Aufbau und die nicht vorhandenen Kreisläufe auf der finanziellen Ebene (siehe Kapitel 5) von einem Großteil der Innovationskraft bisher ausgeschlossen.

Mit dem hier vorgestellten Ansatz und der Anpassung an die Rollenmodelle lassen sich innovative neue Problemlösungen erheblich granularer entdecken und in das System einführen. Mit dieser Logik kann sich der Non-Profit- und Sozialbereich aktiv am Wettbewerb um die besten Köpfe beteiligen.

Auf Basis von Innovation lassen sich neue Ecosysteme mit nachvollziehbaren und transparenten Leistungsbeziehungen entwickeln. Die verschiedenen Partner gewinnen an Klarheit in der Positionierung und können sich in Leistungskreisläufen optimieren.

Der Staat als Finanzier letzter Instanz wird passgenauer unterstützt und hat eine bessere Chance, auf effizientere Leistungspartner zurückzugreifen, als dies im bisherigen Modell möglich war.

Zusammenfassung

Wirkungskredite und Innovationen haben das Potenzial, den gesamten Non-Profit- und Wohlfahrtsbereich zu transformieren. Durch Übertragung der Impact-Logiken und dem Einsatz von Wirkungskrediten können Stiftungen, Wohlfahrtsorganisationen, NGOs, aber auch Städte und Kommunen ganz neue Rollen in der Impact-Welt einnehmen. In den Organisationen aus dem Wohlfahrtsbereich können geschlossene wirtschaftliche Kreisläufe entstehen, die eine erhebliche Wirksamkeitssteigerung der gesamten Branche erwarten lässt. Impact-Unternehmer können sich damit einen völlig neuen Bereich zur Umsetzung ihrer innovativen Konzepte erschließen.

TEIL 2
Impact Investing und Impact-Unternehmertum in der Praxis

10 Investieren in nachhaltige Unternehmen – ESG-Frameworks

Für Ungeduldige: Können Investoren, privat wie professionell, »grüne« Anlagen sicher erkennen und dadurch ihre Investitionsentscheidungen aktiv in eine nachhaltige Welt steuern? Wie ist es bei »verpackten« Anlageprodukten, die vor allem von Kleinanlegern genutzt werden, wie Versicherungen, Fonds oder ETFs? ESG-Frameworks versprechen Anlegern, dieses Problem zu lösen. Ob ihnen das gelingt, wird in diesem Kapitel beantwortet. Des Weiteren wird die Fragestellung untersucht, ob ESG-Frameworks eine sinnvolle Voraussetzung für Impact-Investitionen sind.

Die Kernfrage für alle Investoren ist letztlich, ob ESG-Frameworks mehr halten als die meisten Bio-Gütesiegel. In Zukunft müssen sich zwar alle Unternehmen den ESG-Mindeststandards anschließen und darüber berichten. Auch ein Mineralölkonzern oder Kohlekraftwerksbetreiber hat Geschäftsbereiche, die sich mit Zukunftstechnologien beschäftigen. Und auch solche Unternehmen können sich an alle sozialen Nachhaltigkeitsaspekte wie Förderung der Diversität, Equal Pay oder Inklusion halten. Das klingt erstmal sinnvoll. Aber ist darüber wirklich eine Unterscheidung für Anleger möglich?

Kapitel 1 bis 9 haben gezeigt, wie Impact-Unternehmer und Impact-Investoren die Welt mit einem iterativen Kreislaufansatz innerhalb unseres Wirtschaftssystems jeden Tag ein kleines Stück verbessern können. Auch Impact-Unternehmen, Sozialunternehmen oder Wohlfahrtsorganisationen werden in Zukunft die Einhaltung der ESG-Mindeststandards über das gesamte Spektrum nachweisen müssen. Insofern ist es sinnvoll, sich einen Einblick über die heute verfügbaren Berichtsstandards zur Nachhaltigkeit von Unternehmen und Organisationen zu verschaffen. Diese sind zum einen relevant für professionelle Investoren wie Stiftungen, Versicherungen, VC- und PE-Investoren, die häufig in direkter Form mit Unternehmern kommunizieren und diese auch beeinflussen. Zum anderen sind Nachhaltigkeitsanlagenkriterien für viele Kleinanleger hilfreich, die diesen professionellen Anlegern ihr Geld über Versicherungen, Fonds, Aktien oder ETFs zur Verfügung stellen. Der Einfluss auf nachhaltiges Investieren durch private Investoren ist damit größer, als der einzelne Anleger vermutet.

Die Finanzindustrie hat, genauso wie die Spendenindustrie, den Trend des nachhaltigen Investierens aufgegriffen und mit ihrem Standardkonzept darauf reagiert. Es gibt bereits eine Reihe von Frameworks zur Klassifikation von Unternehmen und Geldanlagen, die die Nachhaltigkeit einer Geldanlage untersuchen und diese in einfacher Form kommunizierbar machen. Mit diesen Methoden schaut man in standardisierter Form unter dem Invest-Aspekt auf ein oder mehrere Unternehmen.

Leider verschwimmen dabei die Grenzen zwischen den ESG-Mindeststandards und aktivem, kreislauforientiertem Impact Investing. Denn natürlich möchte sich jedes Unternehmen in einem möglichst guten Licht darstellen. Die Impact-Welt gilt aktuell als hip und so wird versucht, auch dieses Feld zu besetzen. Es ist daher sinnvoll, den genauen Unterschied zwischen ESG-Logik und Impact Investing anzuschauen.

10.1   Unterscheidung von Output, Outcome und Impact

Um eine zuverlässige Unterscheidung treffen zu können, wie weit die Frameworks in ihrer Bewertung gehen, wird hier noch einmal kurz auf die bereits in Kapitel 3 angesprochene IOOI-Methode eingegangen. Sie eignet sich zur konsequenten Herleitung der Wirkung von Projekten – egal, ob es sich um Wohlfahrts- oder Charity-Projekte handelt – und ebenso für den Nachweis der Wirkung eines Produktes oder Services in einem Wirtschaftsunternehmen.

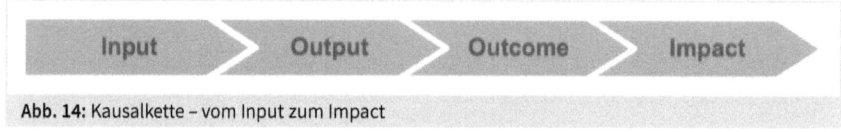

Abb. 14: Kausalkette – vom Input zum Impact

Die einzelnen Elemente von IOOI sind Input, Output, Outcome und Impact.

Input-Faktoren: Dazu gehört alles, was für die Durchführung des Projekts benötigt wird. Also alle Ressourcen, egal ob materiell oder immateriell, Menschen und auch Finanzen. So sind als Input-Faktoren für eine gelungene Party neben den Gästen, einer Location und Mobiliar auch gutes Essen und Getränke erforderlich.

Output-Faktoren: Welche messbaren Ergebnisse kann das Projekt am Ende vorweisen? Was sind die entwickelten Produkte oder Leistungen? Der mess- und nachweisbare Output hängt dabei vom Ziel ab: ein konkretes neues Produkt, ein Bauplan, eine Software oder ein Gebäude. Am Beispiel der Party wären die Output-Faktoren etwa 25 Besucher, die vier Stunden bleiben, dabei 35 Liter Bier trinken sowie fünf Tweets in sozialen Medien posten. Mit diesem messbaren Output kann allerdings noch kein Nachweis über den tatsächlichen Erfolg geführt werden.

Outcome-Faktoren: Sie beschreiben den unmittelbaren Nutzen für die Zielgruppe und andere Stakeholder im Projekt. Typische Nutzenergebnisse von wirtschaftlich getriebenen Projekten sind die Reduktion der Durchlaufzeiten, Steigerung von Marktanteilen oder konkrete Kostensenkungen. Wichtig ist, dass der Outcome durch den Output entsteht. Bei unserer Party sind das begeisterte Gäste (Messwert: sie wollen wiederkommen), ein glücklicher Gastgeber (Messwert: er erhält positives Feedback). Für Impact-Projekte ist es essenziell, dass sich dieser Outcome über die Veränderung von Messwerten nachweisen lässt.

Impact-Faktoren: Dabei geht es um den mittel- bis langfristigen Nutzen, zum Beispiel den Beitrag zur Strategieerreichung. Dafür ist zu untersuchen und nachzuweisen, zu welchen taktischen oder strategischen Zielen das Projekt – mittelfristig oder langfristig – einen konkreten Beitrag geleistet hat und welchen Einfluss die Input- und Output-Faktoren hatten. Beispiele hierfür sind Marktführerschaft, Markenbekanntheit oder die Servicezufriedenheit. Bezogen auf unsere Party: Der Gastgeber ist beliebt, hat ein aktives Freundschaftsnetzwerk und ist zufrieden.

Absolut wesentlich für das IOOI-Konzept ist, dass alle Faktoren über quantitative Kennzahlen (KPIs) nachvollzogen werden können.[46] Wenn qualitative Ziele verwendet werden, sind diese durch Interviews oder andere Methoden abzusichern. Es wird deutlich, dass dies schon bei einem einfachen Projekt wie der Organisation einer Party im Detail schwierig sein kann. Wie werden diese Elemente in den einzelnen ESG-Frameworks genutzt?

10.2   Welche Nachhaltigkeits- und ESG-Frameworks gibt es?

Die Frage ist nun, wie man von dieser projekt- oder unternehmensspezifischen Sichtweise und Betrachtung der IOOI-Logik zu einer Nachhaltigkeitsbeurteilung für Unternehmen aus der Anleger- und Investorenperspektive kommt. Bei der Untersuchung der verschiedenen Messmethoden erkennt man viele unterschiedliche Ansätze, die einen Vergleich erschweren. Dies bestätigt auch die *Bundesinitiative Impact Investing* in ihrer Jahresstudie 2020: »Es lässt sich insgesamt ein Bild unterentwickelter Wirkungsmessung und vor allem uneinheitlicher Vorgehensweisen zeichnen, bei dem auch kein international diskutierter externer Ansatz eine klare Favoritenrolle einnimmt.«[47]

Für Sozialunternehmen und andere Organisationen jeder Art gibt es mit der Global Reporting Initiative (GRI) und dem Social Reporting Standard (SRS) zwei Standards für Berichtskonzepte. Die Organisationen können entsprechend dieser Standards selbst Berichte verfassen und diese auf ihrer Webseite zum Abruf bereitstellen.

Global Reporting Initiative (GRI): Äußerst umfassende Richtlinien zur Erstellung von Nachhaltigkeitsberichten (auch Corporate Social Responsibility Report, CSR-Report) für Unternehmen unterschiedlicher Größen und Arten (Profit/Non-Profit). Der GRI-Standard ist in zwölf Sprachen verfügbar. Er besteht zum einen aus sogenannten universellen Standards, die die Grundlage legen und Basisinformationen zum Unternehmen und zum Managementansatz umfassen. Darüber hinaus gibt es themenspezifische Vorlagen, um über die ökonomischen, ökologischen und sozialen Auswirkungen einer Organisation zu berichten (zum Beispiel indirekte ökonomische Auswirkungen, Wasser oder Beschäftigung). Der GRI 303 – Wasser und Abwasser enthält zum Beispiel Berichtsvorlagen inklusive Messgrößen zu Themen wie Oberflächenwasser, Süßwasser, Grundwasser, Meerwasser – dabei wird jeweils unterschieden nach Entnahme und Rückführung.

Social Reporting Standard (SRS): Berichtswesen für Sozialunternehmen/Non-Profits als Äquivalent zu Geschäftsberichten und Jahresabschlüssen. Ein Report nach SRS unterteilt sich in drei Bereiche: Teil A erläutert den Gegenstand des Berichts und enthält einen Überblick sowie eine Abgrenzung, worüber berichtet wird und wer Ansprechpartner ist. Teil B beschreibt das jeweilige Angebot und seine Wirkung. Teil C umfasst ein ganzheitliches Profil der Organisation und abschließend einen Überblick über die Vermögenssituation sowie Einnahmen und Ausgaben. Ein SRS-Report ist in der Regel auf ein einzelnes Angebot des Unternehmens fokussiert. Größere Organisationen veröffentlichen somit meist multiple SRS-Reports. Der Verein *Social Reporting Initiative e. V.*[48] hat einen »Leitfaden zur wirkungsorientierten Berichterstattung« erstellt. Die letzte Version des Leitfadens datiert auf 2014. Dennoch sind auch nach diesem Datum Berichte auf den Webseiten von Unternehmen zu finden (Beispiel https://www.change.org/). Hinter dem Verein stehen diverse, vor allem in Deutschland bekannte Namen wie *TUM (Technische Universität München)*, *PWC (PricewaterhouseCoopers)*, *Bonventure* oder die *Vodafone Stiftung*.

Diese Art von Berichten ist eine Momentaufnahme und reflektiert vor allem die Nachhaltigkeitsbemühungen einer Organisation. Die Berichte werden von den Organisationen erstellt. Eine Standardisierung in Form einer Auswertung über viele Organisationen hinweg ist methodisch nicht möglich, eine klare Unterscheidung zwischen der Nachhaltigkeits- und der Impact-Welt ebenfalls nicht. Dass Organisationen sich auf den Weg machen und ihre Bemühungen und Anstrengungen dokumentieren, ist auf jeden Fall sinnvoll. Doch es ist fraglich, ob diese Art der Klassifikation einen echten Mehrwert für Anleger bedeutet, die auf der Suche nach einem möglichst objektiven Vergleich zwischen Organisationen bzw. Unternehmen sind.

Bei dem folgenden Framework verschiebt sich der Fokus in einem wesentlichen Punkt. Die *Principles for Responsible Investment (PRI/UN PRI)*, dt. Prinzipien für verantwortliches Investieren, als Reporting werden vor allem von Kapitalsammelstellen angewendet, die ein Interesse an einer Klassifikation aller ihrer Anlagen nach einem einheitlichen Schema haben. Beispiele für Teilnehmer sind *Union Investment, Blackrock, die Kreditanstalt für Wiederaufbau (KfW)* oder die Landesbank Baden-Württemberg (*LBBW*). In den Reports werden Kriterien abgefragt, die in der Regel in weicherer Form eine Klassifikation ermöglichen.

Die **United Nations Principles for Responsible Investment (UN PRI)** basieren im Kern auf sechs Prinzipien mit dem Ziel, ESG-Aspekte unter anderem in Investitions-entscheidungsprozessen und Fragen der Eigentümerpolitik einzubeziehen sowie bei Berichtsprozessen der Beteiligungen zu berücksichtigen. Außerdem fordern die Prin-zipien eine Akzeptanz und Umsetzung von ESG-Grundsätzen in der Investmentindus-trie insgesamt und eine Zusammenarbeit zur Steigerung der Effektivität im Rahmen der Umsetzung. Unterzeichner und Mitwirkende müssen weiterhin jährlich zu ihren Aktivitäten berichten und erhalten ein Rating auf der Skala von E bis A+, wobei E der niedrigste Wert ist. Wem die Nähe zur UN doch etwas zu dick aufgetragen erscheint, nennt seinen Bericht einfach nur PRI Report. Das Reporting basiert auf einer standar-disierten Vorlage zum Ausfüllen. Bei *Lazard Asset Management*[49] oder *Munich RE*[50] kön-nen Beispiele abgerufen werden. Oftmals sind die Reports nicht komplett abrufbar, sondern die Unternehmen veröffentlichen nur die Gesamtbewertung oder die Bewer-tungen von Teilaspekten.

Es ist davon auszugehen, dass mit dieser Methode vor allem der Reifegrad der Kom-munikation zu Nachhaltigkeitsaspekten (ESG) abgefragt und beurteilt wird. Eine echte Unterscheidung zwischen Nachhaltigkeitsbemühungen und echten Impact-Unternehmen ist auch mit diesen Methoden nicht möglich.

Einen anderen Ansatz verfolgen die Frameworks *IMP* und *IRIS*. Beide versuchen, eine Standardisierung und damit einen Vergleich über viele Unternehmen zu ermöglichen, in dem vorgefertigte Kataloge mit konkreten Kennzahlen und Messwerten (Outputs) angeboten werden.

Impact Management Project (IMP) betrachtet Maßnahmen anhand von fünf Dimen-sionen (five dimensions: what, who, how much, contribution, risk)[51]. Ergänzt wird IMP durch das im Folgenden vorgestellte IRIS. Die beiden Rahmenwerke werden häufig zusammen eingesetzt.

IRIS: In deutschen, aber auch in angelsächsischen Publikationen finden sich vielfach auch Verweise auf **IRIS+**. Der vom *Global Impacting Investing Network (GIIN)*[52] bereit-gestellte Kriterienkatalog erweitert das Konzept der fünf Dimensionen gemäß IMP. IRIS fokussiert im Ergebnis vor allem auf Output, nicht auf Outcome. Das Rahmenwerk bietet Vorschläge für Messwerte (Outputs) je nach Themengebiet sowie Sustainable Development Goals (SDG). Der Vorteil ist also eine gewisse Normierung von Output-Messwerten, was einen Vergleich vereinfacht.

Durch die konkreten Messzahlen müssen sich die Unternehmen in nachvollziehbarer Form mit den Nachhaltigkeitsauswirkungen ihrer Tätigkeit auseinandersetzen. Dies ist ein absolut positiv zu wertender Aspekt.

Auch wenn die Nähe der Begriffe *Output* und *Outcome* es so erscheinen lässt, dass die Unternehmen, die nach IRIS+ oder IMP berichten, sich mit der Impact-Welt, also der aktiven Veränderung von Nachhaltigkeitsaspekten, beschäftigten, so muss dies in der Praxis überhaupt nicht gegeben sein.

Reine Optimierungsprojekte zur Einsparung von Ressourcen (und damit wirtschaftliche Kosteneinsparungen) führen in dieser Logik zu positiven Nachhaltigkeitsbeiträgen. In der Impact-Welt, die auf aktiven Prozessen basiert, sind nur Outcome- und Impact-Beiträge im Reporting gestattet, die nicht ohnehin, also zum Beispiel durch solche reinen Einsparprojekte, entstanden wären. Echtes Impact Reporting sind auch diese Methoden nicht, denn dafür wäre darüber hinaus ein Abgleich mit den eigentlichen Projektzielen erforderlich.

An dieser Stelle setzt die Zertifizierung der *Benefit Corporation (B Corp)* an, bei der die über etablierte Messwerte (etwa gemäß IMP bzw. IRIS+ oder GRI) erhobenen Charakteristika, aber auch weitere Kenngrößen, eine möglichst objektiv vergleichbare Bewertung über den Impact eines Unternehmens darstellen. Im Gegensatz zu einer Messgröße gemäß IRIS+ kann man als Leser des Reports daher nicht nur versichert sein, dass das Verfahren zur Ermittlung der Kennzahlen einem etablierten Standard folgt. Man erfährt zudem, wie sich die Höhe des Messwerts historisch entwickelt hat und wie sich dieser im Vergleich zu ähnlichen Unternehmen darstellt. Die anspruchsvolle Zertifizierung der *B Corp* konkurriert daher nicht mit IRIS+ oder GRI, sondern entwickelt diese methodisch in Richtung einer echten Impact-Fokussierung weiter.

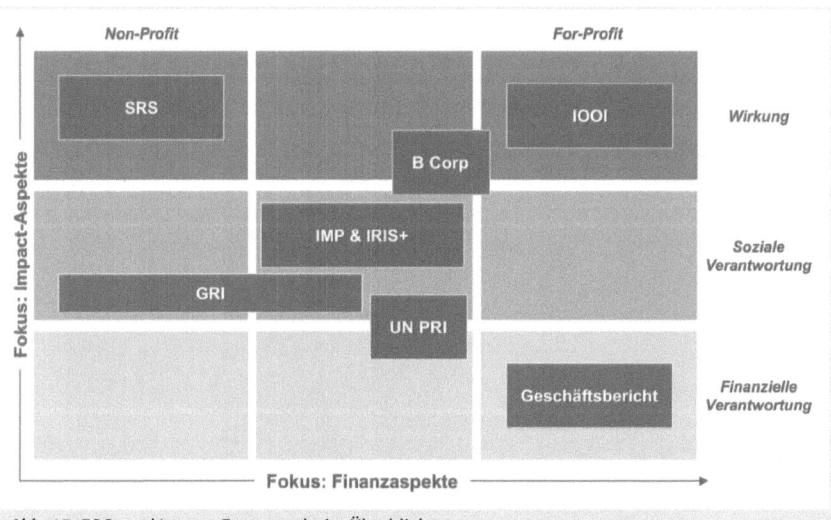

Abb. 15: ESG- und Impact-Frameworks im Überblick

Abbildung 15 und Tabelle 1 stellen den Zusammenhang zwischen den zuvor beschriebenen Frameworks und ihre Kerneigenschaften nochmals in übergreifender Art dar. Es wird deutlich, dass Unternehmen oftmals unterschiedliche Reports für verschiedene Zwecke veröffentlichen: Geschäftsberichte zur Darstellung der operativen und finanziellen Tätigkeiten und zusätzliche Formate im ESG-Kontext. Hierzu gehören beispielsweise Corporate Social Responsibility Reports, die beschreiben, wie Unternehmen ihrer sozialen Verantwortung gegenüber der Gesellschaft und ihren Mitarbeitern gerecht werden. Echte Impact-Unternehmungen, bei denen die soziale Komponente Teil des Geschäftsmodells ist, verlangen augenscheinlich nach anderen Berichtsmethoden (wie zum Beispiel IOOI), die zum gegenwertigen Zeitpunkt nur selten zur Anwendung kommen (siehe Kapitel 12).

Methode	Impact-Fokussierung	ESG-Fokus	Relevanz
IRIS+/IMP	mittel	mittel	hoch
IOOI	hoch	hoch	gering
UN PRI	gering	mittel	hoch
SRS	hoch	hoch	mittel
GRI	mittel	hoch	hoch
B Corp	mittel/hoch	hoch	mittel/hoch

Tab. 1: Vergleich ESG- und Impact-Frameworks

Es gibt eine Reihe weiterer Frameworks, die hier nicht weiter untersucht werden. Exemplarisch seien folgende kurz genannt:

- Die ISO 26000 ist ein Leitfaden, der explizit keinen Rahmen für eine Zertifizierung bereitstellt, sondern lediglich eine Orientierung und Empfehlungen gibt, wie Organisationen sich verhalten sollten, um als gesellschaftlich verantwortlich angesehen werden zu können.
- Die TCFD (Task Force on Climate-Related Financial Disclosures) ist im Rahmen einer UN-Arbeitsgruppe erarbeitet worden und hat einen reinen Klimabezug.
- SASB (Sustainability Accounting Standards Board) wird im US-Umfeld komplementär zu GRI eingesetzt und hat bisher in Europa noch keine Relevanz.
- UN Global Compact ist eine UN-Initiative, der man sich als Unternehmen anschließen kann und ist ebenfalls keine zertifizierbare Norm.

10.3   Framework-Einordnung

Jedes der detailliert vorgestellten Frameworks hat eine Historie und eine konkrete Motivation. Es gibt Frameworks, die die Berichtsform von Unternehmen, die sich nachhaltiger aufstellen wollen, standardisieren (SRS, GRI). Dabei wählen die Unternehmen selbst die jeweilige Art von Bericht. Die meisten Frameworks sind Instrumente der Kapitalsammelstellen, die einen Vergleich zwischen Unternehmen und Organisationen erreichen wollen, indem sie Informationen zu Nachhaltigkeitsaspekten abfragen (PRI/ UN PRI). Mit IRIS+ und IMP gibt es zwei weitere Frameworks, die konkrete Messergebnisse bei Outputs zu standardisieren versuchen. Die *B Corp* versucht, auf Basis dieser und weiterer Ansätze eine objektive Vergleichbarkeit zwischen Unternehmen herzustellen.

Alle Frameworks sind begrüßenswert. Sie können die Nachhaltigkeitsbemühungen als Minimalstandard der Unternehmen und Organisationen sichtbar machen. Eine echte Unterscheidung zwischen den Unternehmen, die sich vorgenommen haben, aktiv an ihrer Nachhaltigkeit zu arbeiten, also weniger Schaden anzurichten, und den Unternehmen, die aktiv Gutes tun wollen (Impact), ist mit all diesen Reporting-Instrumenten schwierig.

Dennoch benötigen wir auch in der Impact-Welt solche Frameworks, um Mindeststandards im gesamten Nachhaltigkeitsbereich sichtbar zu machen und zu etablieren.

Zusammenfassung

ESG-Frameworks, wie SRS, IMP, IRIS+ und UN PRI sind ein guter Startpunkt, um Unternehmen und Anleger – professionell wie privat – an die Nachhaltigkeitswelt heranzuführen. Solche Frameworks sind notwendig, um Impact-Geschäftsmodelle zu entwickeln und zukünftig einen Mindeststandard ökologisch wie sozial in allen Organisationen zu erreichen. Eine echte Differenzierung von Unternehmen, um den Wert einer Anlage für die Anlageentscheidung abzuschätzen, ist mit keinem der Frameworks möglich. Sie bieten lediglich eine Orientierung. Weiterführende Details können nur durch zusätzliche Recherchen und Informationsanfragen von Anlegern in individueller Form ermittelt werden.

11 Impact Investing strukturieren – der radikale Schritt der EU

Für Ungeduldige: Wie lassen sich echte Impact-Unternehmen erkennen und einschätzen? Gibt es Frameworks und Methoden, mit denen sich Impact-Unternehmen erkennen und kategorisieren lassen? Vorgestellt wird die im Jahr 2021 in Kraft getretene EU-Offenlegungsverordnung, die klare Anforderungen an alle Marktteilnehmer (Unternehmen, Banken, Asset-Verwalter) stellt, und in Zukunft sicherlich eine Menge bewegen wird.

Impact-Unternehmertum ist ein aktiver Prozess. Daran kann man bei näherer Betrachtung sehr schnell einen Unterschied zu »nur« nachhaltig agierenden Unternehmen festmachen. Aber diese Tatsache für viele Unternehmen aus Anlegersicht sichtbar zu machen, gelingt nicht über ein weiteres Framework mit einem weiteren Ordnungskonzept.

Hervorzuheben ist der Einfluss von privaten Anlegern auf Impact Investing und Impact-Unternehmertum. Sie fällen ihre Anlageentscheidungen meist indirekt, anstatt direkt in einzelne Unternehmen zu investieren, zum Beispiel über Aktien. Sie benötigen Aggregationsprodukte wie Versicherungen, Fonds oder ETFs. Viele private Anleger, in ihrer Rolle als Konsumenten, schaffen diesen Markt, indem sie Produkte der Impact-Unternehmen bevorzugt kaufen und in Zukunft darauf achten, wie Unternehmen aufgestellt sind. Abgestimmt wird im Alltag durch konkretes Handeln bei Kaufentscheidungen.

Egal, ob wir Anlageentscheidungen für unser Erspartes oder Kaufentscheidungen für Produkte oder Services treffen – wir formen und beeinflussen, ob sich Unternehmen mehr in Richtung Nachhaltigkeit aufstellen und konkret, ob sie sich auf den Impact-Unternehmer-Pfad begeben. Es sollte unter diesem Blickwinkel vor allem darum gehen, ob ein Unternehmen wirklich Impact erzeugt. Wir können auch darauf achten, dass es sich um die 17 UN-SDG handelt. Aber die Detailbewertung, ob die verfolgten Wirkungsziele sinnvoll sind oder der eigenen Präferenz entsprechen, kann mit grundsätzlichen Methoden zur Markttransparenz nicht untersucht werden. Gar nicht berücksichtigt werden kann die Fragestellung, ob die angebotenen Services oder Produkte hochwertig, sinnvoll oder gut sind.

Die EU hat parallel eine Vorgehensweise entwickelt, die Unternehmen und Investoren aktiv in Richtung Impact bringen soll.

11.1   Die neue Offenlegungsverordnung der EU – SFDR

Die EU-Offenlegungsverordnung (Sustainable Finance Disclosure Regulation, SFDR)[53] ist am 10. März 2021 in Kraft getreten.

SFDR verfolgt das Ziel, privates Kapital aktiv in nachhaltige Geschäftsmodelle zu bewegen. Die Finanzmarktteilnehmer sollen Wachstum im nachhaltigen Bereich aktiv ermöglichen und unterstützen. Die Grundidee besteht darin, diese Ziele über eine verordnete, transparente Kommunikation von Unternehmen und Finanzmarktteilnehmern (Financial Market Participants, FMP) zu erreichen. In der Kommunikation müssen Nachhaltigkeitskennzahlen (zu den von den Unternehmen hergestellten Produkten und Services) sowie alle Nachhaltigkeitsrisiken der Unternehmen enthalten sein.

Erste Auswirkungen für große FMP mit mehr als 500 Mitarbeitern sind zum 30.06.2021 in Kraft getreten. Solche FMP sind zum Beispiel Asset-Manager oder Versicherungen, die Altersvorsorgeprodukte auf Kapitalbasis sowie Investment- oder Anlagefonds auflegen und vertreiben. Die Manager dieser Unternehmen müssen seit dem 30.06.2021 offenlegen, wie sie gemäß des Vorsorgeprinzips sicherstellen, dass die Unternehmen, in welche sie investieren, keinen erheblichen Schaden verursachen. Weitere Schritte mit Verschärfungen der Verpflichtungen nach dem Prinzip *Comply or Explain* werden bis 2024 in Kraft treten.

11.2   Klassifikation der Offenlegungsverpflichtung (Artikel 6, 8, 9)

Auf Basis der Sustainable Finance Disclosure Regulation werden Finanzprodukte in drei Kategorien eingeordnet:

- **Finanzprodukte mit ökologischen oder sozialen Merkmalen (Artikel 8).** Darunter fallen im Wesentlichen Unternehmen, die von sich aus die ESG-Anforderungen erfüllen.
- **Nachhaltige Finanzprodukte mit einer angestrebten Nachhaltigkeitswirkung (Artikel 9).** Dies sind Unternehmen, die in aktiver Form mit ihrem Kerngeschäft die Nachhaltigkeitsziele verfolgen und die Wirkungsveränderung aufgrund ihrer Aktivitäten überwachen und kommunizieren.
- **Sonstige Finanzprodukte (Artikel 6)**

Für Finanzprodukte gemäß Artikel 8 und Artikel 9 gelten zusätzliche Offenlegungspflichten in vorvertraglichen Dokumenten, im regelmäßigen Reporting sowie auf der Website.

Ebenso wichtig ist der Artikel 7 der SFDR, der verfügt, dass ab spätestens 30. Dezember 2022 nachteilige Auswirkungen auf Nachhaltigkeitsziele für alle Finanzprodukte offenzulegen sind.

11.3   SFDR-Ausblick für Unternehmen

Die Details der weiteren SFDR-Umsetzung liegen noch nicht fest. Die Umsetzung für Unternehmen und FMP (Finanzmarktteilnehmer) wird in jedem Fall komplexer. In Zukunft wird sich kein Unternehmer und kein Unternehmen der SFDR-Logik entziehen können. Sind es am Anfang Vorteile, die man durch aktive Kommunikation als Unternehmen erzielen kann, werden es in Zukunft auch außerhalb des Anlagemarktes handfeste Nachteile sein, zum Beispiel bei der Kreditvergabe.

Die Technischen Regulierungsstandards (Regulatory Technical Standards, RTS) sind bisher (Stand 01.11.2021) nicht verabschiedet und benötigen noch die Bestätigung durch die EU-Kommission. Dabei geht es um die Festlegung von konkreten Messzahlen, die über Jahre hinweg in standardisierter und damit über Unternehmen hinweg vergleichender Form veröffentlicht werden müssen. Ab dem 01.01.2022 müssen Finanzmarktteilnehmer in umfangreicher Form Informationen zur Erreichung der jeweiligen Nachhaltigkeitsziele und den Nachhaltigkeitsindikatoren ihrer Finanzprodukte in die Jahresberichte aufnehmen.

11.4   SFDR und die Auswirkung für Anleger (privat und professionell)

Eine Verordnung für Finanzunternehmen, die sowohl Unternehmer als auch Anleger in Richtung Impact Investing bewegen soll, mutet zunächst wenig wirkungsvoll an. Dieses Vorgehen ist jedoch sinnvoll und für die Anleger ergibt sich eine Reihe neuer Chancen: Mit transparenten Informationen über die Unternehmen können wir nicht nur in der Rolle der Anleger unser Verhalten ändern, sondern auch als Konsumenten. Mit diesem starken Eingriff in die Informationspflichten der Unternehmen verändern wir Verbraucher hoffentlich auch unsere täglichen Kaufgewohnheiten.

Der Eingriff auf Basis der Sustainable Finance Disclosure Regulation erfolgt auf verschiedenen Ebenen gleichzeitig:
* SFDR etabliert die Ausrichtung auf Nachhaltigkeit in den Finanzmärkten. Greenwashing wird durch die konkreten Pflichten stark erschwert.

- Nicht nur Finanzdienstleister, auch die Unternehmen selbst sind zur Offenlegung aller Nachhaltigkeitsinformationen verpflichtet. Dies gilt explizit auch für Produkte und Services der Unternehmen.
- Ziel ist damit das Ermöglichen eines transparenten Vergleichs, sowohl der Finanzprodukte als auch der Unternehmen selbst, in Bezug auf ESG-Anforderungen.
- Mit SFDR müssen die Nachhaltigkeitsrisiken und -chancen erfasst und berichtet werden. Die EU-Finanzprodukte werden auf dieser Basis kategorisiert.
- SFDR hat den Anspruch, aktives Impact Investing und Impact-Unternehmertum als neuen Standard zu etablieren.

Die umfassenden Auswirkungen von SFDR auf Asset-Manager und Finanzprodukte sind in Abbildung 16 nochmals zusammengefasst.

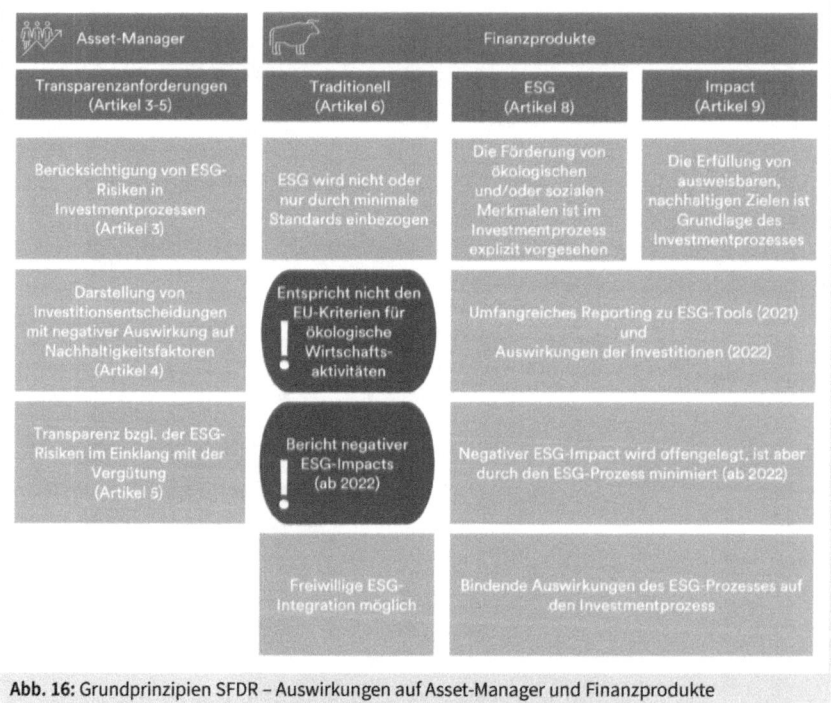

Abb. 16: Grundprinzipien SFDR – Auswirkungen auf Asset-Manager und Finanzprodukte

Es ist bemerkenswert, mit welcher Weitsicht die EU dieses Themengebiet nicht nur inhaltlich, sondern auch zeitlich strukturiert hat.

11.5   Was ist das radikal Neue am SFDR-Ansatz der EU?

Bisher hat Politik über den Gesellschaftskreislauf agiert (siehe Kapitel 5) und konnte durch statische Gesetze und Verordnungen vor allem darauf hinwirken, dass weniger negative Dinge geschehen. Dieses Konzept entspricht dem *Blocklisting-Ansatz*, also dem Vermeiden von Unerwünschtem. Das ESG Investing in Form der Frameworks aus Kapitel 10 ist genau in diesen Zielkonflikten gefangen. Es können Mindeststandards eingeführt werden, es kann erreicht werden, dass weniger unerwünschte Dinge geschehen. Aber es können keine echten Innovationen angestoßen werden.

Die EU-Offenlegungsverordnung setzt bei der Kommunikation an und zwingt alle Unternehmen, Unternehmer und Investoren daran teilzunehmen. Niemand kann sich in den nächsten Jahren dieser Logik entziehen. Damit macht diese Verordnung etwas Neues: Sie verlässt sich auf die Wirkungen aus dem Wirtschaftskreislauf (Kapitel 5) und erzwingt lediglich neue Protokollmuster.

Damit macht SFDR das gleiche, was bei der Ablösung von hierarchischen Strukturen durch Netzwerkstrukturen geschieht. Es zeigt sich eine Analogie zu der zunehmenden Verbreitung von agilen Methoden durch feste Zyklen (wie zum Beispiel Sprints bei Scrum) und Rollen (Menschen). Hier helfen Protokolle als weiteres strukturgebendes Element (zum Beispiel Backlog und Daily Scrum bei Scrum beziehungsweise standardisierte Berichte bei SFDR).

Die EU-Offenlegungsverordnung gibt damit allen Investoren, Anlegern und auch Unternehmern ein neues Protokoll vor:
- **Zeitlich:** Es müssen Berichte vorgelegt werden, die Messzahlen in konsistenter jährlicher Form ausweisen.
- **Konsistenz über Industrien hinweg** – die Finanzindustrie gegenüber ihren Anlegern, die Unternehmen gegenüber ihren Kunden und die Unternehmer gegenüber ihren Mitarbeitern: Sie alle müssen in einer gleich strukturierten und konsistenten Form darüber berichten, wie Risiken durch die Produkte aussehen und wie genau ein Impact erzielt wird.

Und das Protokoll liefert nur noch drei einfache Kategorien, in die sich zukünftig alle Unternehmen einsortieren lassen:
- Stubborn Donkey Investing (Artikel 6)
- ESG Investing (Artikel 8)
- Impact Investing (Artikel 9)

Tabelle 2 zeigt, wie sich diese Unternehmenstypen künftig charakterisieren lassen.

Ansatz	Methoden und Werkzeuge	Ergebnis
Unternehmenstyp *Stubborn Donkey Investing*		
Unternehmer, Unternehmen und Investoren fokussieren sich auf rein finanzielle Kennzahlen. Das Externalisieren von Kosten wird als Wettbewerbsvorteil verstanden. Indirekt drücken sie aus, dass sie sich nicht verändern wollen oder können.	Zahlenbasierte Aktienanalyse, hierarchische Strukturen	Turbokapitalismus, der Status unserer heutigen Welt
Unternehmenstyp *ESG Investing*		
Unternehmer, Unternehmen und Investoren können sich unabhängig voneinander in nahezu beliebiger Form Aspekte aus den ESG-Kriterien herauspicken und diese ins Schaufenster stellen. Über Unternehmen in diesem Status sollten wir nicht zu schnell negativ urteilen, denn es können auch solche sein, die sich auf den Weg in die Impact-Welt gemacht haben, dort aber noch nicht angekommen sind. Eine echte Impact-Transformation dauert Jahre.	ESG-Frameworks (Kapitel 10)	Es wird nicht mehr ganz so schnell schlimmer (doing less damage).
Unternehmenstyp *Impact Investing*		
Der/die Unternehmer oder das Management geben dem Unternehmen klare, messbare Impact-Ziele mit auf den Weg, die mit dem Kerngeschäftsmodell oder den spezifischen Produkten und Services erreicht werden sollen und können. Das Unternehmen und die Investoren schauen mit allen Stakeholdern auf dieselben Informationen und kommunizieren diese in konsistenter Form.	Vorgehensweise gemäß SFDR Artikel 9, IOOI	Wir haben die Chance darauf, dass es aktiv besser wird (doing actively good in a good way).

Tab. 2: Drei perspektivische Unternehmenstypen

In den Kapiteln zuvor haben wir die IOOI-Methode bereits mehrmals angesprochen, sie kommt in der EU-Verordnung nicht explizit vor. Deswegen erfolgt nun eine Einordnung.

11.6   Impact-Frameworks und IOOI

SFDR beschreibt keine konkrete Methodik, wie die Kennzahlen ermittelt und die Zusammenhänge hergeleitet werden sollen. SFDR ist noch so jung, dass sich dafür auch noch keine Standards ergeben haben.

In Kapitel 10 haben wir einige ESG-Frameworks vorgestellt. Solche Audit-Frameworks gibt es für viele bedrohungs- oder risikovermeidungsorientierte Ansätze wie bei der IT-Security oder Governance-Strukturen.

Einige der dort vorgestellten Frameworks berücksichtigen durchaus Impact-Aspekte. Im Folgenden wird keine Unterscheidung zwischen ESG- und Impact-Frameworks vorgenommen, um klarzumachen, dass der wesentliche Aspekt die Ablösung der klassischen Framework-Logik ist.

SFDR beschreibt das Protokoll. Dadurch kommen wir von einem *Blocklisting*- zu einem *Allowlisting*-Ansatz. Und dieser basiert eben nicht mehr auf der Vermeidung von Bedrohungen, sondern auf der aktiven Unterstützung von Vertrauen. Allowlisting ist ein Verstärkungsansatz (siehe Abbildung 17). Und eben den kann man prinzipiell nicht mit einem risikoorientierten Framework-Ansatz abbilden, der sich innerhalb des Systems entwickelt. Dafür benötigt man eine übergeordnete Instanz, die Vertrauen in das System bringt. Genau das ist der SFDR-Ansatz.

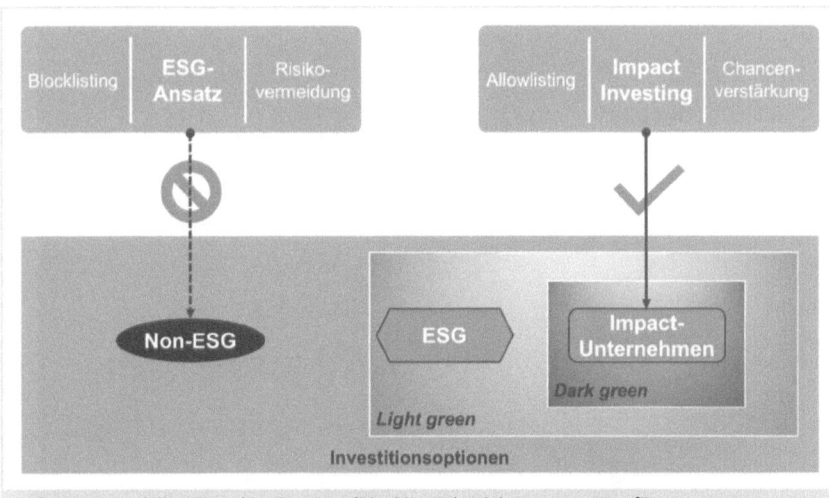

Abb. 17: Aktive (Allowlisting) und passive (Blocklisting) Selektionsstrategien für Investments

Es wäre wünschenswert, dass in anderen Umfeldern, zum Beispiel bei Bioprodukten oder dem Nutri-Score, in Zukunft ähnliche neue Konzepte (weg vom Blocklisting-Ansatz) gemeinsam mit uns Bürgern ausprobiert werden. Auf diese Weise könnte das Konsumentenverhalten nachhaltig verbessert werden.

Die Orientierung an der IOOI-Methodik ist für Unternehmen auf jeden Fall sinnvoll. Es ist zu erwarten, dass sich hier konkretere Umsetzungsframeworks entwickeln und etablieren werden. Die Grundgedanken werden sich auch in zukünftigen Modellen wiederfinden

IOOI ist ein offener, rein methodischer Ansatz zur Erstellung einer Wirkungsanalyse. Die Einführung der IOOI-Methodik in die Impact-Welt erfolgte durch die *Bertelsmann Stiftung*[54]. Methodisch erfolgt die Betrachtung von Input, Output, Outcome und Impact, was ein erheblicher Unterschied zur Output-fokussierten Betrachtungsweise von IRIS+ darstellt. Der Vorteil der IOOI-Methodik besteht darin, dass ein Unternehmen in transparenter Form seine Ausrichtung der Kernprodukte und Services auf die Impact-Idee nachweisen kann. Nachteilig ist, dass damit kein standardisiertes Reporting zur vergleichenden Bewertung erfolgen kann.

Zusammenfassung

Die EU-Offenlegungsverordnung (SFDR) ist ein neues und radikales Konzept, wie Staaten in Zukunft Wirtschaft und Gesellschaft lenken können. Es werden neue Protokolle eingeführt, die eine einheitliche Sichtweise in der sonst getrennten Welt der Bürger als Angestellte, Konsumenten und Anleger erschaffen. Auch die EU ist davon überzeugt, dass wir die Welt der Verbote verlassen müssen und Impulse zum abgestimmten gemeinsamen Handeln benötigen. Aus Anlegersicht hat die EU eine deutliche Orientierungshilfe geschaffen, die dabei unterstützt, Anlageformen zu finden, die der Welt nicht nur weniger schaden, sondern aktiv etwas Positives bewegen.

12 Impact-Unternehmertum in der Praxis

Für Ungeduldige: Wie sehen konkrete Beispiele für Impact-Unternehmertum in der Praxis aus? Die Datenlage für Impact Investing mit einer durchgehenden Kette von Input über Output und Outcome bis zum Impact ist noch dünn. In diesem Kapitel werden Berichte vorgestellt, die mit verschiedenen Methodiken erstellt wurden, und die Stärken und Schwächen dieser Berichtsformen untersucht.

Impact Investing als Begriff taucht ab 2014 vermehrt in Artikeln und Beiträgen auf[55] und erfordert letztlich auch einen neuen Typ von Unternehmer und damit Impact-Unternehmertum. Dies haben wir in den Kapiteln 1 bis 9 hergeleitet. Im vorherigen Kapitel haben wir gesehen, dass in Europa durch die SFDR ein komplett neuer Bedarf und eine Notwendigkeit für Unternehmen und Organisationen entstehen wird, sich in Richtung Impact-Unternehmertum zu bewegen. Aufgrund der Neuheit der Idee und des gerade erfolgten regulatorischen Eingriffs kann über Praxisbeispiele keine stringente Entwicklung aufgezeigt werden.

12.1 Elon Musk – der Impact-Unternehmer?

Ja, ein deutsches oder europäisches Beispiel zum Start wäre schön. Stattdessen wenden wir den Blick in die USA. Dabei ist es interessant zu sehen, dass Elon Musk in einem Blogbeitrag aus dem Jahr 2006[56] eine wirkungsorientierte und zahlengestützte Vision für Tesla ausgegeben hat.

Tim Urban hat in seinem Blog 2017[57] das generelle Muster hinter den Elon-Musk-Unternehmen (*SpaceX*, *Neuralink*, *Tesla*) aufgezeigt. Ob *SpaceX* und *Neuralink* im strengeren Sinne den UN SDG 17 entsprechen, darf bezweifelt werden.

In Kurzform geht es Musk darum, die Welt ein Stückchen nachhaltiger zu machen (Impact: Reduktion von klimaschädlichem CO_2), indem er einen konkreten Outcome (CO_2-neutrale, individuelle Mobilität) ermöglicht. Zur Erreichung dieses Ziels verkauft er eine große Zahl seiner elektrischen Autos, die sich in Zukunft immer mehr Menschen wegen der geringer werdenden Kosten leisten können. Abbildung 18 zeigt den Ansatz von Elon Musk, wie er bestehende Märkte in zwei Schritten über technische sowie und Brancheninnovationen verändert und damit versucht, eine nachhaltige Veränderung auf der Umweltebene zu erzielen.

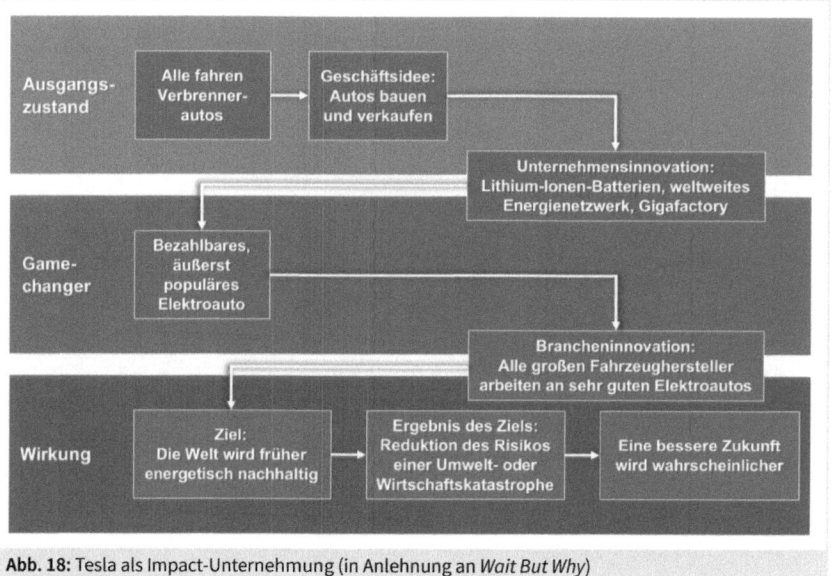

Abb. 18: Tesla als Impact-Unternehmung (in Anlehnung an *Wait But Why*)

Jetzt, 15 Jahre später, sind wir in der Batteriediskussion und können damit das Ziel der CO_2-Neutralität in Frage stellen. Allerdings wird mit dieser Logik auch deutlich, dass jedwede Form von Mobilität auf Basis des aktuellen technischen Fortschritts letztlich schädlich für unseren Planeten ist.

Das Fazit aus diesem Beispiel: Wir brauchen Menschen, die anfangen. Unter diesem Blickwinkel ist die konsequente Verfolgung eines langfristigen Planes aus der Perspektive des Jahres 2006 absolut unterstützenswert. Heute sind wir weiter und wissen, dass wir Outcome und Impact eben noch präziser beschreiben müssen. Also halten wir Ausschau nach aktuelleren Beispielen.

12.2   Ist IOOI wirklich (schon) relevant?

Bei der Betrachtung von Abbildung 19 stellt sich sofort die Frage, wie ein konsequent auf beide Impact Dimensionen – Finanzen als auch Wirkung (*Finance First* und *Impact First*) – ausgerichteter Report aussehen kann. Echte öffentliche Beispiele als Referenzen zur praktischen Anwendung der IOOI-Methode zu finden, ist jedoch schwierig.

Bonventure, ein Impact VC-Fond aus München, setzt IOOI intern für die Unternehmen ein, in die investiert wird. Diese Analysen sind aber nicht öffentlich zugänglich und stehen bisher ausschließlich den Investoren zur Verfügung.

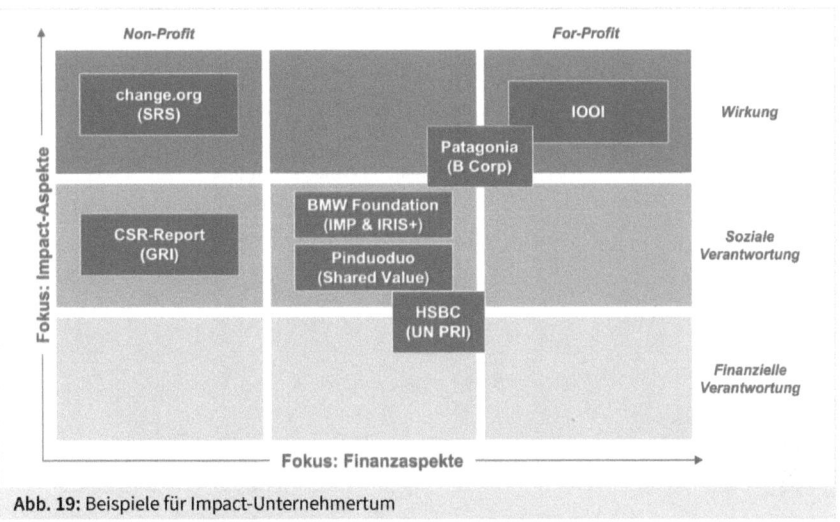

Abb. 19: Beispiele für Impact-Unternehmertum

Selbst Unternehmen, die an der Erarbeitung des sogenannten *Corporate-Citizen-ship-Modells* auf Grundlage der IOOI-Methode mitgewirkt haben, nutzen diese nicht in ihrem öffentlich zugänglichen Reporting. Die *Deutsche Bank AG* verweist zuletzt in ihrem Corporate Citizenship-Report aus 2016[58] kurz auf ihr »Global Impact Tracking«. Auch eine *Beiersdorf AG* und die *Munich RE* sowie die *RWE AG* nutzen keine mit Zahlen nachvollziehbaren Ergebnisse in ihren Corporate-Social-Responsibility- oder Nach-haltigkeitsberichten.

12.3   Beispiele für Impact-Unternehmertum

Basierend auf der in Kapitel 10 bereits genutzten Systematik zur Einordnung von ESG-Frameworks sollen im Folgenden Beispiele für Impact-Unternehmertum in unterschiedlichen Ausprägungen vorgestellt werden. Durch die Betrachtung der Spannbreite von Sozialunternehmen über einen Corporate Social Responsibility Re-port bis hin zu Berichten auf Basis von Shared Value bzw. IRIS+ wird deutlich werden, dass der Weg zu einem standardisierten, umfassenden und integrierten Impact Re-porting noch vergleichsweise lang ist. Abbildung 19 zeigt eine Einordnung der ver-schiedenen Berichte in die beiden Dimensionen Impact- und Finanzfokus. Wenn IOOI mit seiner Positionierung so viele (theoretische) Vorteile besitzt, dann sollte es doch auch eingesetzt werden, oder?

Derzeit befinden sich also viele Unternehmen in einem Spannungsfeld aus unter-schiedlichen Interessen und Stakeholdern. Dabei muss über die Erreichung der finanziellen Ziele ebenso berichtet werden wie darüber, auf welche Weise (im Sinne der sozialen und ökologischen Verantwortung) diese erreicht wurden.

Social Responsibility Report – Beispiel *change.org*

Im Kontext von echtem Impact-Unternehmertum haben Sozialunternehmen wie der Verein *change.org* den Makel, dass der Profitgedanke im Hintergrund steht bzw. keine Gewinnerzielungsabsichten gegeben sind. Zugleich bieten Berichte von derartigen Organisationen eine vergleichsweise konsequente Ausrichtung auf die erzielte Wirkung entlang der Kette Input (zum Beispiel Personal- und Sachkosten), Output (Anzahl aktiver Nutzer, Anzahl virtueller Unterschriften) bis hin zu Wirkungen bzw. Impact (zum Beispiel Steigerung der medialen Aufmerksamkeit für ein bestimmtes Thema wie das bedingungslose Grundeinkommen).

Die relevanten Kennzahlen und Überlegungen können damit dem sogenannten Jahres- und Wirkungsbericht entnommen werden, der große Parallelen zum Geschäftsbericht traditionell orientierter Wirtschaftsunternehmen aufweist.

IMP und IRIS+ – Beispiel *BMW Foundation Herbert Quandt*

Eine vor allem im Umfeld von Stiftungen und kapitalverwaltenden Unternehmen derzeit verwendete Kombination von Berichtsmethoden stellt der Einsatz der fünf Dimensionen gemäß des Impact Investing Projects, erweitert um die Kriterienkataloge von GIIN bzw. IRIS+, dar. Wirkungsorientierte Bestrebungen werden dabei in der Regel auf Ebene einzelner Projekte vorgestellt und zumindest auf Output-Ebene greifbar(er) gemacht. Impact-Unternehmen können ihr Portfolio auf diesem Weg zudem in eine übergeordnete Kategorisierung der Impact-Ökonomie verorten (Stufe A: Schäden vermeiden und ESG-Risiken minimieren, Stufe B: Positive Wirkung für Menschen oder den Planeten, Stufe C: Aktiver Beitrag zu Lösungen).

Wesentliche Charakteristika werden anhand der Dimensionen *What*, *Who*, *How much*, *Contribution* und *Risk* beschrieben, wobei die Quantifizierung im Abschnitt *How much* auf Kriterien des IRIS+-Katalogs basiert (zum Beispiel die Anzahl der Haushalte, die saubere Energie erhalten, Anzahl der Menschen, die sauberere Luft atmen).

Auffallend an diesem Beispiel und der zugehörigen Methodik insgesamt ist das Fehlen einer vollständigen Betrachtung der Parameter anhand der IOOI-Kette. Das äußert sich zum Beispiel darin, dass die finanziellen Aufwendungen für das Projekt, aber auch der resultierende Outcome nicht im Detail berichtet werden.

Creating Shared Value (CSV) – Beispiel *Pinduoduo*

Eine andere Art der Kombination aus gesellschaftlichen und finanziellen Zielen stellt das Shared-Value-Modell dar (siehe Kapitel 3). Es basiert auf der These von Michael

Porter, dass ein Unternehmen nicht nur das Ziel der Gewinnmaximierung haben darf, sondern sich parallel und integriert um die Schaffung gesellschaftlicher Werte bemühen muss und diese daher aktiv in den Planungs- und Umsetzungsprozess einbindet. Eine Kopplung in messbarer Form an die 17 UN-Nachhaltigkeitsziele erfolgt nicht.

CSV wird häufig von großen Unternehmen angewendet, die eins oder mehrere erfolgreiche Geschäftsmodelle haben und über CSV ihre Organisation nachhaltiger aufstellen wollen. Insofern ist *Pinduoduo* ein besonderes Beispiel, weil es sich um ein chinesisches E-Commerce-Start-up handelt.

Beispiel *Pinduoduo*

Pinduoduo ist ein sehr schnell wachsendes Unternehmen aus China. Das Start-up hat es seit seinem Markteintritt 2015 unter dem Motto »Together, More Savings, More Fun« zur zweitgrößten E-Commerce-Plattform in China geschafft. Hinter der Geschichte einer heiteren Gamification-Shoppingwelt steckt aber eine zweite Geschichte: Durch die Bündelung von Nutzerbestellungen hat *Pinduoduo* die historisch kleinteilige Kette an Zwischenhändlern erfolgreich umgangen und so für lokale Produzenten in armen Regionen Chinas eine echte Zukunft geschaffen. Mit Programmen wie »Duo Farm« wurde der Business-Case, Farmer zu Unternehmern zu machen, unterstützt: So flossen neben kaufmännischer Ausbildung auch 2,2 Mrd. USD an Marketingbudget und 413 Mio. USD an finanziellen Mitteln an Bauern und Produzenten in den historisch armen Regionen im Süd- und Nordwesten. Außerdem hilft *Pinduoduo* durch KI-Tools bei der Anpflanzungs- und Ernteplanung. Das Programm, das zusammen mit lokalen Regierungen und Forschungsinstituten durchgeführt wurde, sollte dabei keineswegs als Wohlfahrt angesehen werden. Für *Pinduoduo* gab es einen ganz klaren wirtschaftlichen Beweggrund. Und doch wurden als Nebenprodukt eine ganze Reihe »weicher« Erfolge erzielt. Messbare Fortschritte sind zum Beispiel die Unterstützung von 150.000 unter der Armutsgrenze lebenden Bauern und die Steigerung von deren Absatz um mehr als 400 Prozent im Vergleich zum Vorjahr. Auf der Impact-Ebene heißt dies, dass ca. 520 Mio. USD zusätzlicher Umsatz, also mehr als 3.450 USD pro Farmer, generiert wurden. Das ist ob des durchschnittlichen jährlichen Einkommens von knapp 2.000 USD pro Bauer im Jahr 2018 ein beachtlicher Fortschritt. Weitere Details dazu und die Aufbereitung unter CSV-Aspekten sind im Harvard Business Manager[59] nachzulesen.

Es ist nicht einfach, gute Beispiele von Start-ups oder kleineren Unternehmen auf Basis des CSV-Ansatzes zu finden. Denn diese legen als Mission-Driven Organisationen meistens keinen Wert auf die Implementierung von Nachweismethoden aus dem Bereich der großen Unternehmensberatungen. Kritiker werfen dem Konzept Scheinheiligkeit vor, da es einige Projekte größerer Organisationen gibt, die über rein wirtschaftlich ge-triebene Projekte in Form erfolgreicher CSV-Projekte berichten. So gibt es zum Beispiel von *Walmart* Maßnahmen zur Reduzierung des Verpackungsmülls oder die Bemühun-gen von *Vodafone*, ein Handy bereitzustellen, das sich jeder leisten kann.

Shared Value ist wegen der fehlenden und damit auch nicht messbaren Kopplung an die 17 SDG kein Impact-Unternehmertum, aber es ist ein Anfang. Gut geeignet ist CSV dann, wenn die wirtschaftlichen Ziele sich mit den ausgewählten Nachhaltigkeitszie-len (auch im Nachhinein) übereinbringen lassen. Echte Probleme aus den SDG 17 Zie-len lassen sich ohne Veränderung des Produktportfolios damit nicht angehen.

Wenn mehr kleinere und jüngere Unternehmen CSV als Methodik verwenden würden, wäre der Ruf deutlich besser. Solche Unternehmen sollten aber aus heutiger Sicht direkt in kompletter Form auf SFDR Art. 9 Anforderungen setzen. So bleibt CSV eine geeignete Methode, um in Bestandsorganisationen die Transformation in Richtung Nachhaltigkeit und Impact einzuläuten.

B Corp – Beispiel *Patagonia*

In Anlehnung an eine Standardisierung von Messwerten und -verfahren für Output ge-mäß IRIS+ geht die *B Corp* einen Schritt weiter, indem sie die Ergebnisse der Nachhal-tigkeitsbestrebungen von Unternehmen objektiv vergleichbar macht.

Organisationen, die sich auf diesem Weg zertifizieren lassen wollen, müssen das anspruchsvolle B-Impact-Assessment durchlaufen. Dieses basiert auf einem stan-dardisierten Fragebogen, der diverse Aspekte der Unternehmensstrategie (wie Go-vernance, Workers, Community und Environment) beleuchtet. Die Teilnahme an der automatisierten Analyse ist gratis. Doch eine Akkreditierung als *Certified B Corp* be-dingt einen weiterführenden Prüfprozess durch die B Labs, bei dem in interaktiven Gesprächen, aber auch durch Übergabe vertraulicher Informationen die Korrektheit der getätigten Angaben geprüft wird. Nur wenn die auf diesem Weg validierte Bewer-tung über 80 liegt, wird ein Zertifizierungsstatus gewährt.

Aus Konsumentensicht bietet die B-Corp-Zertifizierung ein vergleichsweise geringes Maß an Transparenz, da die im Rahmen des Assessments getätigten Angaben nicht öf-fentlich verfügbar sind. Die eigene Einschätzung zur Verlässlichkeit der Impact-Bewer-tung hängt damit vollständig davon ab, ob und in welchem Maß man auf die Seriosität, Objektivität und Qualität der *B Corp* sowie der von ihr eingesetzten Methodik vertraut.

Investment Reporting auf Basis von UN PRI – Beispiel *HSBC Global Asset Management*

Die bei der B-Corp-Zertifizierung fehlende Transparenz ist bei einem anderen häufig eingesetzten Berichtsverfahren gegeben, den *Principles for Responsible Investment*

(PRI): Eine Vielzahl der Teilnehmer veröffentlicht nicht nur die resultierende Auswertung, die ebenfalls einen Vergleich zu ähnlichen Organisationen zulässt, sondern auch den zugrunde liegenden, individuell beantworteten Fragebogen. Dieser wird treffenderweise als *Transparency Report* bezeichnet und kann in der Regel – mit Ausnahme einiger vertraulicher Daten – öffentlich abgerufen werden.

Auf Basis einer Selbstauskunft, die aus vorgegebenen Antwortfeldern und Freitextausführungen besteht, erfolgt eine Bewertung der Organisation hinsichtlich der Nachhaltigkeitsstrategie insgesamt sowie für die einzelnen Anlageklassen.

Dies ermöglicht es Kapitalsammelstellen und potenziellen Anlegern einzuschätzen, ob und wie sehr ein Unternehmen in Einklang mit ESG-Aspekten agiert. Der aus diesen Daten entstehende Bericht ist jedoch derart umfassend, dass eine detaillierte Impact-Betrachtung auf Ebene dezidierter Projekte nicht möglich ist. Daran zeigt sich deutlich, dass die Methodik auf den Bereich der sozialen Verantwortung und nicht auf Impact-Unternehmertum zielt.

12.4   Sonderform: Corporate Social Responsibility Report nach GRI

Eine weitere Berichtsform, die weltweit eine hohe Relevanz und Verbreitung aufweist, sind *Corporate Social Responsibility Reports (CSR-Reports)*, die zum Beispiel auf den Leitlinien der Global Reporting Initiative (GRI) basieren. In einem solchen Report stellen Unternehmen in Form einer Selbstauskunft die von ihnen ausgehenden Auswirkungen auf Nachhaltigkeitsaspekte wie Menschenrechte, Produktsicherheit, CO_2-Emissionen oder Arbeits- und Gesundheitsschutz dar.

Ein CSR-Report ermöglicht Verbrauchern und potenziellen Anlegern den Zugang zu standardisierten Kennzahlen und Ausführungen im Spannungsfeld der Nachhaltigkeit bzw. gesellschaftlichen Verantwortung. Im Hinblick auf das Geschäftsmodell nimmt er jedoch eine eher begleitende Rolle zum klassischen Geschäftsbericht ein. Damit wird klar, dass ein CSR-Report nach GRI keine geeignete Methode sein kann, um über echtes Impact Investing im eigentlichen Sinne zu berichten.

Zusammenfassung

Die verschiedenen Berichtsformen haben ihre Stärken und Schwächen. Konkrete Messzahlen werden selten in öffentlich zugängliche Berichte aufgenommen. Dies zeigt sich auch an den zuvor dargestellten Beispielen: Einige bieten ein hohes Maß an Transparenz bezüglich der bereitgestellten Daten (HSBC auf Basis von PRI), während an anderer Stelle die Glaubhaftigkeit der Nachhaltigkeitsbestrebungen vor allem von der Reputation der zertifizierenden Stelle (Patagonia als Certified B Corp) abhängt. Aktuell sind die frei zugänglichen Informationen zur Beschreibung von Impact-Unternehmertum noch sehr spärlich und über verschiedene Berichtsformen und -methoden verteilt. Eine integrierte Betrachtung von ESG-Zielen im Einklang mit dem Geschäftsmodell anhand konkreter, objektiv nachvollziehbarer Parameter ist in der Praxis kaum zu finden. Es kann erwartet werden, dass SFDR eine deutliche Verbesserung bei der Standardisierung von Berichten sowie der Konkretisierung des Impact-Nachweises bringen wird.

13 Gründer-Impact-Ökosysteme und Impact VCs

Für Ungeduldige: Wo können sich Gründer mit Informationen zu wirkungsbasierten An-sätzen versorgen und welche Impact Venture Capitals (VCs) gibt es? Es ist wichtig, dass wir großartige Impact VCs haben, um das gesamte Start-up-Ökosystem zu transformie-ren. Vorgestellt werden zum einen Organisationen, bei denen Start-ups Hilfestellung zu einer Impact-Gründung erhalten können, zum anderen einige sehr unterschiedliche Im-pact-Investoren aus Europa mit Schwerpunkt Deutschland, um die Vielfalt aufzuzeigen.

Aktuell findet ein massiver Umbruch in der Impact-Gründerwelt statt. In den letzten fünf Jahren interessierte sich ein Großteil der Gründer, die mit der Impact-Welt in Be-rührung gekommen waren, für Sozialunternehmertum und Social Entrepreneurship. Daneben gibt es die Gründer, die sich vor allem der NGO-/Spendenlogiken bedienen, um dann ökologische Probleme anzugehen. Es scheint bis heute nur wenige Entre-preneure zu geben, die mit dem Gedanken unterwegs sind, Impact mit integriertem fi-nanziellen Wertschöpfungsansatz zu vereinen. Daher stellt sich die Frage, wo Gründer heute – außer bei Impact VCs – Unterstützung bekommen können.

13.1 Wo gibt es Unterstützung bei der Gründung eines Impact-Unternehmens?

Bei Gründern heute scheint Impact in der Ecke Non-Profit/Spenden/Sozialunterneh-mer festzustecken. Ein Blick auf die Impact Hubs in Deutschland bestätigt diese Ver-mutung. Der *Impact Hub Berlin*[60] will das Zuhause von Social Entrepreneurship in der deutschen Hauptstadt sein und als Katalysator für soziale Innovation wirken. In Köln ist es kein Impact Hub, sondern das *Sociallab-Köln*[61] – das Gründerzentrum für Social Entrepreneurship im Schul- & Bildungsbereich. In München ist man nicht auf soziale Projekte fokussiert, sondern stellt den Impact-Veränderungsgedanken in den Mittel-punkt. Der *Impact Hub München*[62] sieht sich als Begegnungsstätte für Impact-Ideen und als Veränderungskatalysator für bestehende Unternehmen.

Der Gedanke, dass Impact-Unternehmen ganz normal im wirtschaftlichen Raum agie-ren und sich entwickeln können, steht in vielen Städten bei Impact-Initiativen noch nicht im Vordergrund. Die klare Richtung und die Chance, die SFDR mit Artikel 9 vor-gibt, und der notwendige Change, der in Zukunft alle Unternehmen mindestens in Richtung ESG zwingt, ist bei den Initiativen anscheinend noch nicht angekommen.

Das möchten die beiden VC-Fonds *UVC* als Wagniskapitalarm der Uni München zusammen mit *Techfounders* über ihre Sustainability Playbooks ändern. Unter https://www.sustainability-playbooks.com können Start-ups und andere VC-Fonds einen Einblick in die chancenorientierte Denkweise für ein zukunftsfähiges Impact-Unternehmertum gewinnen. In kurzweiliger Form kann man sich spielerisch über Opportunitäten und neue Chancen informieren.

Schon in der wirtschaftlich orientierten Impact-Welt angekommen ist die *Impact Factory*[63]. Als gemeinsame Initiative der *Beisheim Stiftung, Franz Haniel & Cie. GmbH, KfW Stiftung* und *Anthropia gGmbH* sowie mit weiteren Partnern hat die *Impact Factory* ein Gründerstipendium für Sozialunternehmer ins Leben gerufen. Ziel ist es, einen kollaborativen Raum zu schaffen, in dem skalierbare Innovationen zur Lösung komplexer sozialer und ökologischer Herausforderungen entstehen können. Wer auf Basis sozialer Geschäftsmodelle ein Unternehmen gründen möchte, sollte sich die *Impact Factory* ansehen.

Diversity VC[64] fokussiert sich auf die Thematik Diversität mit dem Ziel, die VC-Industrie mit einem anspruchsvollen Diversity Framework weiterzuentwickeln.

Nach dem Gründen benötigen viele Start-ups eine VC-Finanzierung. Der folgende Überblick hilft bei der Orientierung.

13.2   Überblick zu ausgewählten deutschen und europäischen Impact VC-Fonds

Wie sieht das Angebot für impactinteressierte Gründer auf Seite der Investoren aus? In Tabelle 3[65] sind neben dem Namen auch die Größe aller verwalteten Fonds (Assets under Management, AUM, in Mio. EUR – geschätzt) angegeben sowie Sitz, Fokusbereiche und das Einzugsgebiet (Scope) für die Investments aufgeführt. In der Spalte *Phase* ist der typische Unterstützungsschwerpunkt aufgelistet. Dabei handelt es sich um die in der VC-Welt üblichen Phasen von Pre-Seed, Seed, Early Stage bis hin zu Wachstumsfinanzierungen (Growth). Daran sind dann auch die typischen Ticketsizes (Investitionsvolumen in ein Unternehmen) gekoppelt, die ein solcher Investor mitgehen kann.

Investor	AUM	Sitz	Fokusbereiche/Investmentthemen	Scope	Phase
Yunus SSB	keine Angabe	Berlin, Deutschland	Gesundheitswesen, Bildung, Wasser, Energie, Lokales Unternehmertum,	Lokal	Agnostisch
Demeter Partners	1.000	Paris, Frankreich	Infrastruktur, Landwirtschaft, Industrie, Mobilität	Global	Agnostisch

Investor	AUM	Sitz	Fokusbereiche/Invest-mentthemen	Scope	Phase
Blue Future Partners	keine Angabe	München, Deutschland	Fund of Funds, der in Impact-Fonds investiert	Global	Early Stage
Ascension Ventures (UK)	26	London, UK	Media, New Work, Health, Sustainability	Lokal, UK	Seed
Übermorgen	keine Angabe	Zürich, Schweiz	Climate Tech	Global	Early Stage
Bridges Fund Management	1.157	London, UK	Gesundheit, Bildung, Communitys	Lokal, UK	Growth
eCAPITAL entrepreneurial Partners	280	Münster, Deutschland	Industrie, Software, Cleantech, Cybersecurity, New Materials	Global	Early Stage
Emerald Technology Ventures	177	Zürich, Schweiz	Materialien, Recycling, Agrikultur, Wasseraufbereitung	Global	Agnostisch
Lightrock	1.000	London, UK	Bildung, Gesundheit, Landwirtschaft, Energie	Global	Growth
SDGx	keine Angabe	Berlin, Deutschland	Mobilität, Energie, Industrie	Global	Early Stage
Impactplus	keine Angabe	Berlin, Deutschland	Gesundheit, Bildung, IT	Global	Seed
Nixdorf	keine Angabe	Kleeberg, Deutschland	Gesundheit, Gleichberechtigung, Energie, Klima	Lokal (EU)	Agnostisch
ETF Partners	195	London, UK	Industrie, Energie, Smart Cities, nachhaltiger Konsum	Global	Agnostisch
Goodwell Investments	150	Amsterdam, Niederlande	Digitale Inklusion, finanzielle Inklusion, KMUs, Landwirtschaft	Lokal, NL	Late Stage
BonVenture	40	München, Deutschland	Soziales Unternehmertum	Lokal, DE	Agnostisch
SET Ventures	160	Amsterdam, Niederlande	Nachhaltigkeit, Elektrisierung, Digitalisierung, Energie	Global	Growth
BlueYard Capital	226	Berlin, Deutschland	Finanzen, Gesundheit, Umwelt	Global	Early Stage
VNT Management	157	Helsinki, Finnland	Energie	Lokal, FI	Late Stage

Investor	AUM	Sitz	Fokusbereiche/Invest-mentthemen	Scope	Phase
Ananda Impact Ventures	80	München, Deutschland	Gesundheit, Bildung, Umwelt	Lokal, DE	Early Stage
SHIFT Invest	70	Amstelveen, Niederlande	Landwirtschaft, Materialien, CO_2-Reduzierung	Global	Early Stage
Oltre Venture	43	Mailand, Italien	Agnostisch	Lokal, IT	Agnostisch
Nina Capital	18	Barcelona, Spanien	Gesundheit	Lokal, ES	Seed
veg capital	200	Loughborough, UK	Landwirtschaft/Ernährung	Global	Early Stage
Opes Impact Fund	keine Angabe	Mailand, Italien	Wasser, Bildung, Energie, Gesundheit, Hygiene	Lokal, IT	Early Stage
Blue Horizon Ventures	183	Zürich, Schweiz	Lebensmittel	Global	Multi Stage
Pale Blue Dot	87	Malmö, Schweden	Climate Tech	Global	Seed
Borski Fund	33	Amsterdam, Niederlande	Tech	Global	Seed
2150	254	London, UK	Städte	Global	Growth
Planet A	100	Hamburg, Deutschland	Agnostisch	Global	Early Stage

Tab. 3: Impact Venture Capital Funds (Auswahl)

Klassisches Vorzeigemodell für Impact Finance ist die *Grameen Bank* von Nobelpreisträger Muhammad Yunus, welche seit den 1980er-Jahren Mikrokredite für nachhaltige wirtschaftliche Entwicklung verteilt. Die Weiterentwicklung dieses Modells resultierte in *Yunus Social Business*, einem philanthropischen Venture-Fonds, der Spendengelder mit der Disziplin eines VCs anlegt und Rückflüsse in neue Unternehmungen reinvestiert. Geleitet wird der Fonds von Berlin aus, Impact erhofft man sich aber vor allem in Lateinamerika, Ostafrika sowie Indien.

Doch nicht nur im Ausland gibt es innovative Impact-Investoren. Ein erfahrener und langjähriger Vorreiter aus Deutschland ist der Impact-Investor *Bonventure*. Das Unternehmen investiert nicht nur in Sozialunternehmen, sondern ist auch selbst als Sozialunternehmen strukturiert: Die Fondsmanager partizipieren nur am Fondserfolg, falls soziale (Nachhaltigkeits-)Ziele erreicht werden. Die Investments sind breit gestreut, wie man an Unternehmen wie *everskill*, *Emmy* und *Frischepost* sieht. Investiert wird in finanzgetriebene Impact-Unternehmen und Sozialunternehmen. *Bonventure* legt in der Außenkommunikation Wert darauf, dass von Unternehmen in ihrem Portfolio ein Impact-Beitrag und eine übliche Rendite erwartet werden kann.

Ein weiterer Impact-Fonds aus München ist *Ananda Impact Ventures*, die frühphasige Start-ups dabei unterstützen, die dringendsten gesellschaftlichen und ökologischen Herausforderungen zu lösen. Die Portfoliounternehmen sind breit gefächert, wie folgende Beispiele zeigen: *Open Bionicts* (macht Prothesen zugänglich), *auticon* (hilft dabei, Menschen mit Autismus eine erfüllende Arbeit in der IT-Branche zu geben) und *ResQ Club* (hilft, Takeaway-Plastikmüll zu vermeiden).

Es gibt auch in Deutschland themenorientierte Impact VC-Fonds. Ein Beispiel eines Fonds mit speziellem Investmentprozess im Umweltbereich ist *Planet A* aus Hamburg. *Planet A* unterscheidet sich von anderen Impact VCs durch ein wissenschaftliches Mess- und Vorhersagesystem des Impacts eines potenziellen Investments, auf dem auch die Investitionsentscheidungen basieren. So prüft *Planet A* zunächst, ob ein potenzieller Impact beabsichtigt sowie messbar und signifikant ist. Falls dies der Fall ist, wird der Impact im Detail beleuchtet – zum Beispiel durch Analyse der erforderlichen Materialien, der Verarbeitungsschritte sowie der Distributionskette. Die auf diesem Weg quantifizierte, positive Wirkung wird mit bestehenden Referenzprodukten abgeglichen, wodurch die mögliche Verbesserung (Improvement Rate) berechnet werden kann. Durch eine Multiplikation mit dem möglichen Markterfolg (Improvement Rate * Anzahl der verkauften Einheiten) ergibt sich die Schätzung des Impacts. Auf Basis dieser Methode wurde zum Beispiel in das Start-up *WILDPLASTICS* investiert, dessen Versandtaschen 70 Prozent CO_2-freundlicher sind als herkömmliche Kunststoffäquivalente und die von der *OTTO Group* mittlerweile für alle geeigneten Sendungen genutzt werden[66].

Auf der LP-Ebene (Limited Partner, die reinen Geldgeber in einem VC-Fonds) gibt es in Deutschland auch sogenannte Funds of Funds, die selbst nicht in Impact-Unternehmen, sondern in andere Fonds investieren. Ein Beispiel hierfür ist *Blue Future Partners*, die aus München heraus global in Impact-Technologie-VC-Fonds investieren.

Uebermorgen VC aus Zürich hat sich auf climatech Impact Investments spezialisiert und will einen aktiven Beitrag zur Erreichung des 1,5-Grad-Ziels leisten. Zum Portfolio gehören mit *Carboculture* ein Carbon-Capture-Unternehmen und mit *sunvigo* und *einhundert Energie* zwei Unternehmen, die sich mit der Versorgung mit Solarstrom in Mehrfamilienhäusern beschäftigen.

Weitere Fonds mit engerem Fokus im Sinne der Zielbranchen sind beispielsweise *Blue Horizon* und *veg capital*. Beide haben es sich zur Mission gemacht, den Übergang zu alternativen, pflanzlichen Proteinquellen in der menschlichen Ernährung zu beschleunigen und die Ernährungsindustrie damit insgesamt nachhaltiger zu gestalten. *Blue Horizon* hat in diesem Zusammenhang zum Beispiel in *The Dutch Weed Burger*, ein Unternehmen, das einen Beitrag dazu leisten möchte, Seegras als Nahrungsmittel bekannter zu machen[67] und in *Chromologics*[68], das vegane Farbstoffe entwickelt, investiert. Eine Besonderheit bei *veg capital* ist zudem, dass aufgrund der Kapitalquelle (*veg capital* ist durch ein Family-Office finanziert) alle dabei erzielten Profite an Tierwohltätigkeitsorganisationen gespendet werden. Weitere eng definierte Investoren sind beispielsweise *Nina Capital*, die sich rein auf bisher nicht versorgte Patientenbedürfnisse (need-based healthcare) konzentrieren, der *Borski Fund* aus Amsterdam, der Diversität in der Gründerszene durch einen Fokus auf weibliche oder diverse Gründerteams vorantreiben will oder *2150*, ein transeuropäischer Fonds, der die Gestaltung von Städten und Urbanisierungsdynamiken als wichtige Stellschraube im ökologischen System sieht.

Alle vorgestellten Fonds haben globalen Impact zum Ziel. Neben kleineren und mittleren Fonds gibt es in dieser Kategorie auch sehr große wie *LGT Impact Ventures*, die ca. 1 Mrd. Euro in bekannte Wachstumsunternehmen wie *Lilium* (Entwicklung eines elektrischen Lufttaxis), *infarm* (Kräuter- und Gemüsefarmen zum Betrieb in Restaurants und Supermärkten), *wefox* (Digitalisierung der Versicherungsbranche), *Satispay* (mobile Anwendung für digitales Bezahlen und Geldtransfers) und *Kalera* (landwirtschaftliche Biotechnologie) investieren. Daneben gibt es eine Vielzahl an Investoren mit klar lokalem Fokus, die spezifische Probleme in genau definierten geografischen Regionen lösen.

So investiert *Goodwell* exklusiv in Frühphasen-Start-ups, die Menschen in den Subsahararegionen Zugang zu digitaler und finanzieller Inklusion ermöglichen und Ökosysteme für lokale kleine und mittelständische Unternehmen schaffen. Der *OPES Impact Fund* will mit Kapital für Early-Stage-Unternehmen sowie technischem und kaufmännischem Know-how das Leben von Menschen mit niedrigem Einkommen in Ostafrika und Indien verbessern.

Etwas näher an Deutschland treibt *Oltre Venture*, der erste italienische Impact-Fonds, die Entwicklung von Start-ups mit sozialem Bezug und spezifischem Impact in Italien voran, um lokale Gemeinschaften zu stärken. Zu den Portfoliounternehmen gehören beispielsweise *Sfera Agricola*, ein Unternehmen das Hightech-Gewächshäuser baut, *Wonderful Italy*, das touristisch bisher weniger bekannte Regionen Italiens weiterentwickeln will und *Keycrime*, ein Softwareentwickler, der künstliche Intelligenz und klassische Ermittlungstechniken kombinieren möchte, um Serienverbrechen zu verhindern.

Nixdorf Kapital kann man auch als das Family-Office der Nixdorf-Erben bezeichnen. Sie fühlen sich der sozialen Verantwortung ihres Gründers Heinz Nixdorf verpflichtet und haben ihr gesamtes Portfolio an der Impact-Idee mit dem Schwerpunkt *Soziales* ausgerichtet. Dazu haben sie ein hochkarätiges Team aufgebaut, welches den Impact-Gedanken nicht nur in der VC-Welt, sondern auch in der PE-Welt vorantreibt.

Nachhaltigkeit im Investitionsprozess ist ein wesentliches Merkmal, dass durch SFDR voraussichtlich erheblich an Bedeutung gewinnen wird – für Start-ups ebenso wie für die VC-Branche. Im Folgenden soll daher beleuchtet werden, ob und wie sich die Wagniskapitallandschaft durch die neue Verordnung ändern wird.

13.3   Was bedeutet SFDR für Gründer und Investoren?

Die EU-Offenlegungsverordnung SDFR mit ihrem Artikel 9 wird einen wesentlichen Einfluss auf die Strukturierung von Unterstützungsangeboten für Gründer haben. Die Verordnung aus dem Jahr 2021 ist noch zu frisch, als dass bereits ein konkreter Einfluss auf die Unterstützungsangebote zu sehen wäre. Um eine erste Vorstellung zu geben, wie SFDR die Zusammenarbeit von Unternehmen mit Kapitalgebern verändert, werden die erforderlichen Schritte im Folgenden skizziert.

Wichtig zu verstehen ist, dass die SFDR Artikel 8 und 9 ab 2023 für alle Unternehmen relevant sind, also auch für jene, die kein Kapital aufnehmen. Wer sich nicht damit auseinandersetzt und nicht zumindest Artikel-8-(ESG)-konform handelt, wird auf jeden Fall gezwungen, die ausschließlich negativen Risiken seines Geschäftes zu veröffentlichen. Nur wer in der Klasse 8 oder 9 operiert, darf überhaupt seine positiven Aspekte in der Kommunikation verwenden.

Was also bedeutet der Artikel 9 SFDR konkret für den Investmentprozess und die weitere Zusammenarbeit zwischen Investor und dem Gründungsteam?

Für jede einzelne Investmententscheidung muss eine umfangreiche *Due Diligence* (sorgfältige Prüfung im Investmentprozess) nachgewiesen werden. Diese umfasst stets mindestens die folgenden zwei Teilaspekte:

- **Impact Due Diligence**
  - Kann der Unternehmer eine Impact-Absicht nachweisen?
  - Kann das Produkt oder der Service einen nachweisbaren, quantifizierbaren KPI-basierten Impact erzielen?
  - Hat das Produkt oder der Service eine skalierbare Auswirkung über seine Impact KPIs?
  - Hat das Produkt oder der Service im Hinblick auf Impact-Aspekte einen Vorteil gegenüber bestehenden Referenzprodukten/-services?
  - Erreicht das Produkt oder der Service seine Impact-Ziele auch unter Berücksichtigung des gesamten Lebenszyklus – von der Lieferkette über die Herstellung bis zur Auslieferung an den Endkunden?

- **ESG Due Diligence**
  - Verfügt das Unternehmen über ein Umwelt-Management-System?
  - Werden Messwerte zu Emissionen und möglichen Verschmutzungen erhoben und dokumentiert?
  - Existiert ein Konzept, um Diversität und Chancengleichheit sicherzustellen?
  - Werden Mitarbeitersicherheit und -schutz systematisch gewährleistet?
  - Existiert ein Konzept zur Beachtung der Menschenrechte?
  - Setzt das Unternehmen ein Stakeholder-Management-System ein?
  - Ist ein Risiko-Management-System etabliert?
  - Existieren ein Informationssicherheits- sowie ein Datenschutzkonzept?

Alle diese Fragestellungen sind vom VC schriftlich festzuhalten und zu dokumentieren. Nach der Investmententscheidung muss in einem laufenden Prozess das Monitoring aufgesetzt werden:

- **ESG und Impact Monitoring** (Portfolio-Management-Prozess)
  - Überwachung der Impact KPIs (fortlaufende Erhebung der Messzahlen und Abgleich zwischen Ist-Zustand und Soll-Zustand mit dem Ziel, etwaige Korrekturmaßnahmen abzuleiten),
  - Sicherstellung, dass das Unternehmen die Regelkreisläufe zur Überwachung und Steuerung der Impact-Logiken in Prozessen etabliert hat und lebt,
  - Überwachung der ESG-Ziele und -Ergebnisse.

Je mehr das Gründungsteam im Rahmen der Investmententscheidung (und später bei der laufenden Kontrolle) konkret selbst beitragen kann, desto einfacher wird die zukünftige Zusammenarbeit. Zu einer guten Vorbereitung des Gründerteams gehört auch eine glasklare Antwort auf die Frage, ob man wirklich weiß, ob man externes Kapital in Anspruch nehmen möchte. In der Praxis ist dieser Punkt häufig unklar oder unzureichend reflektiert – daher soll im Folgenden ein genauerer Blick auf diesen Aspekt geworfen werden.

13.4 Wirklich externes Kapital?

Nicht jeder Gründer und jedes neue Geschäftsmodell braucht eine externe Finanzierung über Wagniskapitalgeber. Manchmal reicht eine Mischung aus Eigenkapital, Krediten, Mitgründern, Förderungen oder einfach ein wenig Geduld in Bezug auf das angestrebte Wachstum des eigenen Unternehmens. Zur Reflexion zum Thema Finanzierung, unabhängig davon, ob man als Impact-Unternehmer unterwegs ist oder nicht, hilft diese kleine Geschichte:

Selbstfindung als Gründer: ein Aufruf zum Nachdenken

Fast alle Start-ups sind auf der Suche nach einem Venture-Capital-Geber. Unabhängig davon, wie ihre finanzielle Situation ist, in welcher Wachstumsphase sie sich befinden und häufig ohne detaillierten Plan, ob und wie fremdes Kapital den Erfolg der Geschäftsidee wahrscheinlicher machen oder beschleunigen soll. Als seriöser Gründer benötigt man einen starken VC-Geber an seiner Seite – so scheint der allgemeine Konsens zu lauten. Diese Einstellung ist ein großes Missverständnis in der Start-up-Szene, denn Venture Capital ist wie Raketentreibstoff. Und der funktioniert leider nur bei Raketen. Aber die meisten Start-ups wollen oder können diese gar nicht bauen, sondern wollen einfach nur Geld, um ihre eigenen Pläne zu verwirklichen. Es ist gefährlich, Raketentreibstoff falsch einzusetzen und in Autos, LKWs oder in Schiffen zu verwenden. Es funktioniert einfach nicht. Nur richtig eingesetzt entfaltet der Treibstoff seine immense Beschleunigungswirkung.

Viele Venture-Capital-Investoren möchten ihren Treibstoff nur an Raketenbauer geben. Und wegen des großen Missverständnisses in der Start-up-Szene meinen zu viele Gründer, dass sie genau diesen Raketentreibstoff brauchen. Daher geben sie vor, Raketen bauen zu wollen. Das wiederum hat zur Folge, dass die Leute mit dem Treibstoff viel Zeit aufwenden, um die Auto-, Flugzeug- und Schiffskonstrukteure zu identifizieren, die sich auf den Start-up-Kostümpartys als Raketenbauer verkleidet haben. Diese Partys werden organisiert von Menschen und Organisationen, die es ganz toll finden, wenn Menschen mit Ideen »gründen«. Das Gründen an sich bedingt aber noch keinen Bedarf an Raketentreibstoff, wohl aber an Geld. Das können Entrepreneure sich aber auch an anderen Orten organisieren (unter anderem über Förderprogramme) oder sie stellen sich anders auf (zum Beispiel mit Partnern) und brauchen dann doch kein externes Geld.

Bevor es Raketentreibstoff gibt, muss die Entwicklung so weit sein, dass mindestens ein flugfähiges Modell vorhanden ist oder schon ein paar Sitzplätze verkauft wurden. Am besten sind bereits ein paar erfolgreiche Startversuche vorzuweisen und erst dann (!) braucht man eine ordentliche Portion Raketentreibstoff, um das Erdanziehungsfeld und all die aktuellen irdischen Modelle wirklich verlassen zu können. Eine tolle Idee und ein super Team sind einfach zu wenig, um etwas so durchschlagendes wie Raketentreibstoff zu bekommen.

Venture-Capital-Geber werden ungemütlich, wenn sie erkennen, dass ihr Raketentreibstoff nicht optimal eingesetzt wird. Wir brauchen daher mehr Menschen, die den Unterschied zwischen VC-Raketentreibstoff und sonstigem Geld aus anderen Quellen verstehen und Gründer richtig beraten. Geld nimmt man nicht von einem VC, sondern zum Beispiel von einer Bank oder über eine Förderung. Wichtig sind mehr Menschen, die den Gründern in den Start-ups sagen, dass Venture Capital mit den dahinter liegenden Logiken nur eine mögliche Lösung ist.

13.5   Einschätzung zur VC-Finanzierung

Egal, ob Raketenbauer oder ein anderer Fokus: Für jeden Gründertyp gibt es ein Finanzierungsangebot. Insbesondere wer wirklich Raketen bauen will, sollte unbedingt den richtigen Kapitalgeber finden. Venture-Capital-Investoren begleiten Entrepreneure und Unternehmer in der entscheidenden ersten Phase eines Unternehmens. Fast immer werden noch Anpassungen am Geschäftsmodell vorgenommen. Die Organisation macht die ersten Schritte. Auf vieles im Unternehmen kann noch Einfluss genommen werden. Damit haben vor allem die Frühphaseninvestoren eine besondere Verantwortung und eine außerordentliche Chance, die Gründer und das Start-up in Richtung Impact zu beeinflussen. Es gibt jene, die am besten ein lokal wirkendes Sozialunternehmen auf den Weg bringen wollen und können. Und es gibt solche, die ein High-Impact-Geschäftsmodell entwickeln können und dabei in der Lage sind, eine hohe Skalierung zu erreichen oder gar die Chance auf einen Börsengang haben. Das Aufspüren des richtigen Kapitalgebers ist für den Erfolg aus Gründersicht genauso wichtig wie das richtige Gründungsteam aus Sicht des Kapitalgebers.

Wirkung auf lokaler, aber auch globaler Ebene kann jedoch nicht nur in reinen For-Profit-Unternehmen, also Organisationen mit einer Gewinnerzielungsabsicht, erreicht werden, sondern unter anderem auch in Vereinen, gemeinnützigen Gesellschaften und Wohlfahrtsverbänden. In diesem Zusammenhang sind Spenden und Fördergelder oftmals, aber nicht immer, sinnvoll. Genauere Einblicke bietet Kapitel 14.

Zusammenfassung

Bisher wurde der Impact-Begriff im Start-up-Umfeld vor allem im Zusammenhang mit Sozialunternehmen wahrgenommen, bei denen die Lösung gesellschaftlicher Probleme im Mittelpunkt steht und eine wirtschaftliche Eigenständigkeit kein primäres Ziel darstellt. SFDR öffnet für Gründer und Investoren den Blick auf neue Perspektiven. Es gibt bereits eine Reihe spezialisierter Impact VCs mit unterschiedlichen Charakteristika (Spezialisierung auf Geografien, Branchen und Problemfelder). Sie unterstützen For-Profit-Gründer mit vielfältigen Dienstleistungen und sind wichtige Katalysatoren für neue Impact-Ökosysteme. Gründer verfügen damit über eine noch nie dagewesene Auswahlmöglichkeit, ihre eigene Vision in ein neues Unternehmen umzusetzen. Diese Vielfalt erfordert auch einen Überblick über die verschiedenen Optionen.

14 Mehr als Charity, Sozialunternehmen und Philanthropie

Für Ungeduldige: Welche konkreten Möglichkeiten haben wir, etwas Gutes zu tun? Für viele von uns beginnt es mit dem Spenden von Cent-Beträgen beim Aufrunden von Zahlungsbeträgen in einigen Banking-Apps und geht weiter mit dem aktiven Spenden an Charity-Organisationen. Die Vielfalt und Details der Spendenorganisationen ist enorm, die Abgrenzung zu Wohlfahrtsorganisationen und Stiftungen nicht einfach. Neue Formen wie Sozialunternehmen formieren sich. Dieses Kapitel verschafft einen Überblick für Spender, Gründer und Investoren, um die richtigen Organisationsformen für die eigene Absicht zu finden.

Es gibt eine so hohe Vielfalt an NGO- und Spendenorganisationen, dass sich eine Kategorisierung lohnt, um die Unterschiede in der Ausrichtung zu sehen. In den konkreten Auflistungen ist es dann gar nicht so einfach, eine klare Zuordnung zu schaffen, weil vor allem große Organisationen in mehrere Bereiche fallen. In den letzten Jahren entwickelt sich eine neue Form von Sozialunternehmen, die eine klarere wirtschaftliche Ausrichtung haben. SFDR und die Impact-Logik sind dafür ein Differentiator.

14.1 Welche Ziele verfolgen Spenden- und Wohltätigkeitsorganisationen?

Machen wir die Welt besser, wenn wir etwas spenden? Im Rahmen der Impact-Logik muss die Frage lauten: Verfolgen alle Spenden- und Wohltätigkeitsorganisationen die SDG 17 Ziele? Auch wenn wir die Antwort mit einem klaren Nein vorwegnehmen können, lohnt sich ein Blick auf typische, bekannte Organisationen, um sich einen ersten Überblick über die Zielrichtungen zu verschaffen.

Die Begriffe Spenden- und Wohltätigkeitsorganisationen bezeichnen Organisations- und Aktivitätsformen, die keine Gewinne erwirtschaften und auf einen kontinuierlichen, externen Kapitalstrom angewiesen sind. Andere Begriffe sind auch Charity oder Wohlfahrtsorganisationen. Eine leicht abweichende Form ist die Philanthropie. Sie unterscheidet sich von Charity in mehreren Aspekten (siehe Kapitel 6). Die Organisationen werden meist von einzelnen Philanthropen aufgebaut und haben daher sehr individuelle Zielvisionen. Die Philanthropie-Organisationen handeln eher strategisch und proaktiv, beschäftigen sich mit Ursachen, also beispielsweise mit Ansätzen, um die grundlegende Nahrungsversorgung zu verbessern anstelle der Verteilung von Nahrungsmitteln als Ad-hoc-Maßnahme. Genau hier setzen hingegen Charity-Organisationen an, in dem sie auf kurzfristige und konkrete Hilfe, akute Linderung von Leid sowie Unterstützung – wie bei Katastrophen – oder Umsetzung von Kampagnen abzielen.

Beide Konzepte erzeugen keine Einnahmen durch einen Wirtschaftsbetrieb oder den symmetrischen Verkauf ihrer Leistungen. Philanthropie hängt in der Regel von einem einzelnen Spender (Philanthrop oder Stiftung) ab, in Deutschland beispielsweise Susanne Klatten. Charity-Organisationen benötigen einen kontinuierlichen Mittelzufluss über Investoren (Spender oder staatliche Fördermittel), die den vollständigen Verlust des eingebrachten Kapitals als Spende akzeptieren (zum Beispiel *Aktion Mensch*). Das gespendete Geld wird gedanklich als Ausgabe verbucht, für die – außer einer Spendenbescheinigung und dem Gefühl, etwas Gutes getan zu haben – keine Rückmeldung erwartet wird.

Tabelle 4 soll zur besseren Einschätzung einen Überblick über ausgewählte Philanthropie-Organisationen und ihre primären Aktivitätsfelder geben.

Organisation	Hauptinitiator	Stiftungsvermögen in Mio. Euro	Fokusbereiche (Auszug)
Bill & Melinda Gates Foundation	Bill Gates, Melinda Gates	44.158	Globale Entwicklung, globale Gesundheit, Bildung
Open Society Foundations	George Soros	16.661	Demokratie, Bildung, Menschenrechte
Gordon and Betty Moore Foundation	Gordon Moore, Betty Moore	7.172	Wissenschaft, Umweltschutz, Gesundheits- und Krankenpflege
Else Kröner-Fresenius-Stiftung	Else Kröner	6.707	Medizinisch-wissenschaftliche Forschung
Robert Bosch Stiftung	Robert Bosch	5.541	Gesundheit, Bildung, globale Fragen
Chan Zuckerberg Initiative	Mark Zuckerberg, Priscilla Chan	3.953	Wissenschaft, Forschung, Bildung, soziale Gerechtigkeit, Inklusion
VolkswagenStiftung	Bundesrepublik Deutschland, Land Niedersachsen	3.559	Exploration, gesellschaftliche Transformationen, Wissen über Wissen, Wissenschaft in der Gesellschaft
Bertelsmann Stiftung	Reinhard Mohn	1.294	Bildung, Demokratie, Gesundheitswesen
Alfried Krupp von Bohlen und Halbach-Stiftung	Alfried Krupp von Bohlen und Halbach	1.100	Bildung, Gesundheitswesen, Sport
Hertie-Stiftung	Georg Karg	931	Demokratie, Erforschung des Gehirns

Organisation	Hauptinitiator	Stiftungsver-mögen in Mio. Euro	Fokusbereiche (Auszug)
SKala-Initiative	Susanne Klatten	100	Wirkungsorientiertes Handeln
Dreilinden	Ise Bosch	40	Förderung von LGBTQIA+, Menschenrechtsarbeit

Tab. 4: Ausgewählte Philanthropie-Organisationen international (Quelle: eigene Recherchen, Details siehe Anhang/Tabellen)

Wegen der persönlichen Ausrichtung und Zielvorgaben der Stiftungsgründer stehen die SDG 17 Ziele bei diesen Organisationen meist nicht im Vordergrund. Wirksamkeitsberichte werden für diese Organisationen in der Regel ebenfalls nicht veröffentlicht. Eine unter mehreren Aspekten außergewöhnliche Charity-Organisation ist die *Bill & Melinda Gates Foundation*, weswegen sie hier kurz porträtiert wird.

Außergewöhnlich: die Bill & Melinda Gates Foundation

Die Stiftung setzt sich dafür ein, dass alle Menschen ein gesundes und produktives Leben führen können. In den Entwicklungsländern konzentriert sie sich darauf, die Gesundheit der Menschen zu verbessern und ihnen die Möglichkeit zu geben, sich aus Hunger und extremer Armut zu befreien. In den Vereinigten Staaten setzt sich die Stiftung dafür ein, dass alle Menschen Zugang zu den Möglichkeiten haben, die sie für ihren Erfolg in der Schule und im Leben benötigen. Dabei sollen Menschen mit den geringsten Ressourcen besonders unterstützt werden. Die Stiftung mit Sitz in Seattle wird von CEO Mark Suzman geleitet und steht unter der Leitung von Bill Gates und Melinda French Gates. Die Haupteinnahmequelle sind die Spenden von Bill Gates, Melinda Gates und Warren Buffett (»The Giving Pledge«[69]). Das Stiftungskapital beträgt aktuell ca. 44 Milliarden USD, fast 1.800 Mitarbeiter arbeiten direkt für die Stiftung.

Die Stiftung ist sowohl Aggregator von Spenden als auch Distributor bei deren Verteilung an andere Einrichtungen und Organisationen. So ist die Stiftung im Jahr 2020/21 nach Deutschland mit 13,85 Prozent auch der zweitgrößte Nettozahler der WHO (10,47 Prozent) und hat dadurch immensen Einfluss auf Projekte und Prioritäten.[70] Es gibt eine öffentlich zugängliche Datenbank, in der man die gewährten Zuwendungen nachlesen kann.[71] Ein konkreter Wirkungsbeitrag lässt sich bei der Vielzahl der Aktivitäten nur schwer ermitteln, aber eine Ausrichtung an den SDG 17 in den Bereichen globale Gesundheit und Bildung ist klar zu erkennen.

Intransparenter ist lediglich die Geldanlage der Stiftung. Der größte Teil des Geldes ist im Foundation Trust angelegt, der von externen Investmentmanagern geleitet wird. Aus den Profiten der enthaltenen Aktien wird die Stiftungsarbeit finanziert. Die Zusammensetzung des Portfolios wird zum Teil als problematisch angesehen[72], da über die erheblichen Investments Einfluss auf die Unternehmen ausgeübt werden kann. Zudem haben insbesondere die Investments in Impfstoffhersteller und andere Biotech-Unternehmen Verschwörungskritiker auf den Plan gerufen. Unter allen Aspekten eine wirklich besondere Stiftung mit beeindruckenden Dimensionen.

Typische Beispiele für Charity-Organisationen in Deutschland sind in Tabelle 5 aufgeführt. Zu erkennen ist, dass auch bei etablierten Organisationen neben dem Fokusbereich in vielen Fällen eine SDG-Ausrichtung kommuniziert wird.

Organisation	Fokusbereiche (Auszug)	SDG-Ausrichtung
Aktion Mensch (ehemals Aktion Sorgenkind)	Barrierefreie Gesellschaft, Inklusion	Kein SDG-Bezug
Arbeiter-Samariter-Bund Deutschland e. V.	Rettungsdienst, Krankentransport, Essen auf Rädern, Katastrophenschutz	Schwerpunkt auf SDG1, SDG2 und SDG4
Ärzte ohne Grenzen	Medizinische Nothilfe	In der Außendarstellung nicht fokussiert, aber SDG3 zuzurechnen
Bischöfliche Hilfswerk Misereor e. V.	Menschenrechte, für jeden Menschen zugängliches Trinkwasser, Kampf gegen AIDS, Klimawandel	Befürwortung der SDGs
Bund für Umwelt und Naturschutz Deutschland e. V.	Umwelt- und Naturschutz	Projekte u. a. mit Bezug zu SDG2, SDG6, SDG7, SDG8, SDG14
Deutsche Gesellschaft zur Rettung Schiffbrüchiger	Such- und Rettungsdienst	In der Außendarstellung nicht fokussiert, aber SDG16 zuzurechnen
Deutsche Lebens-Rettungs-Gesellschaft e. V.	Wasserrettung, Nothilfe	In der Außendarstellung nicht fokussiert, aber SDG3 zuzurechnen
Deutsche Welthungerhilfe e. V.	Hilfe zur Selbsthilfe zur Befreiung aus Hunger und Armut	Schwerpunkt auf SDG2
Deutscher Tierschutzbund e. V.	Tierschutz	In der Außendarstellung nicht fokussiert, aber SDG15 zuzurechnen

Organisation	Fokusbereiche (Auszug)	SDG-Ausrichtung
Deutsches Rotes Kreuz	Zivil- und Katastrophenschutz, Wohlfahrts- und Sozialarbeit	Multiple Projekte zur Unterstützung diverser SDGs
Johanniter-Unfall-Hilfe	Rettungsdienst, Wasserrettung, Zivil- und Katastrophenschutz	In der Außendarstellung nicht fokussiert, aber SDG1, SDG3, SDG4, SDG8 und SDG10 zuzurechnen
Kindernothilfe	Umsetzung der Rechte von Kindern und Jugendlichen	Bezug u. a. auf SDG4, SDG8.7, SDG16.2
missio Aachen	Ausbildung, Seelsorge, soziale Arbeit	Kein SDG-Bezug
Naturschutzbund Deutschland e. V.	Natur- und Umweltschutz im In- und Ausland	Befürwortung der SDGs, Projekte u. a. mit Bezug zu SDG12, SDG15, SDG16
Rote Nasen Deutschland e. V.	Menschen in Krankenhäusern und Pflegeinstitutionen Hoffnung und Lebensmut schenken	Mitglied bei SDG Watch
Tafel Deutschland e. V.	Verteilung von Lebensmitteln, die im Wirtschaftskreislauf nicht mehr verwendet werden, an Bedürftige	Loser SDG-Bezug in der Kommunikation, Tätigkeiten lassen sich SDG12 zuordnen
WWF	Natur- und Umweltschutz, Wissenschaft, Erziehung und Bildung im Natur- und Umweltbereich	Multiple Projekte zur Unterstützung diverser SDGs

Tab. 5: Ausgewählte Charity-Organisationen in Deutschland (Quelle: eigene Recherchen, Details siehe Anhang/Tabellen)

Es ist zu beobachten, dass einige Organisationen (wie die *DLRG* oder die *Johanniter*) in ihrer Außendarstellung an ihrem seit längerer Zeit bestehenden Zielbild ohne Veränderung festhalten. Andere Organisationen haben ihr Zielbild indes auf die SDG 17 angepasst wie das *Rote Kreuz* oder der *Arbeiter Samariter Bund*. Diese ebenfalls schon länger bestehenden Organisationen leiten ihren Auftrag jetzt aus den SDG 17 ab oder stellen zumindest einen inneren Bezug her. Ein solcher SDG-17-Zielangleich bedeutet nicht, dass es hier eine Organisationsstruktur und Prozesse gibt, die – wie bei einer vollständig transformierten Impact-Organisation – auf einen zahlenmäßigen Nachweis der Wirksamkeit ausgerichtet wurden. Dies ist für Spender verwirrend, da der Eindruck erweckt wird, dass nachweislich die 17 SDG verfolgt werden, die Organisation diesen Nachweis aber nicht durch entsprechende Impact-Berichte nachweist. Da die SFDR-Anforderungen für Investoren und Unternehmen mit Kapitalbedarf gelten, aber nicht für Unternehmen mit Spendenbedarf, ist mit einer Änderung dieser Praxis nicht zu rechnen.

Es erweckt den Eindruck, dass diese Art der SDG-17-Ausrichtung ohne Impact-Nachweis zusätzlich zu den bekannten Angaben im Zielsystem Verwendung finden. Denn die etablierten Organisationen verfolgen unabhängig von ihrer SDG-17-Ausrichtung ihre erprobten Felder der Unterstützungsarbeit weiter. Einige dieser Aktivitäten können langfristig ausgerichtet sein und auf die SDG 17 einzahlen wie die Halbierung der Lebensmittelverschwendung gemäß SDG 12.3, während andere eher der akuten Milderung von Notständen zuzurechnen sind, zum Beispiel die Bekämpfung von Hunger durch Bereitstellung von Mahlzeiten. Die Aktivitäten heutiger Charity-Organisationen lassen sich daher fallweise, aber nicht immer den SDG 17 zuordnen.

Eine konkrete Unterstützung von Charity-Organisationen kann in verschiedenen Rollen erfolgen:
- **Spender** stellen Geld- oder Sachmittel zur Verfügung. Sie erhalten in den meisten Ländern einen deutlichen Steueranreiz vom Staat.
- **Unterstützer** bringen ihre Arbeitsleistung in der Regel unentgeltlich oder gegen Auslagenersatz ein.
- **Mitarbeiter** engagieren sich, werden dafür aber auch entlohnt. Sie ziehen (hoffentlich) einen Teil ihrer Motivation aus der Mitarbeit an der gemeinsamen Vision.

Ein nachvollziehbarer Wirkungsnachweis wird je nach Studie von lediglich ca. 50 Prozent der Organisationen erbracht. [73]

Ob Charity- und Philanthropie-Organisationen grundsätzlich eine gute Wahl sind, wenn es um die wirksame Unterstützung der SDG 17 Ziele geht, darf daher in Frage gestellt werden.

14.2   Sind Non-Profit-Organisationen geeignet, um SDG 17 Ziele zu unterstützen?

Non-Profit-Organisationen umfassen die im Abschnitt zuvor beleuchteten Charity- und Philanthropie-Organisationen sowie Social Enterprises. In Kapitel 6 wurde bereits angesprochen, dass das Aufbrechen des Wirtschaftskreislaufes in diesen Organisationen die effektive Steuerung deutlich erschwert. Der Fokus, die Strategie und das Aktivitätsprofil vor allem großer Charity-Organisationen sind häufig unscharf oder stark diversifiziert. Einzelne Facetten zahlen je nach Ausrichtung auf die SDG 17 ein, andere nicht. Durch die Portfoliobreite kann der Spender nicht sicher sein, wie das Geld eingesetzt wird. Vielleicht für kurzfristig orientierte Notfallhilfe (Non-SDG 17), vielleicht für langfristig angelegte Initiativen (gemäß SDG 17), soweit die Organisationen diese überhaupt unterstützen. Eine effiziente Verfolgung der SDG 17 Ziele ist für bestehende Charity- und Philanthropie-Organisationen zudem schwierig, da dieser UN-Rahmen erst im Jahr 2016 veröffentlicht wurde, die meisten Organisationen aber deutlich älter sind und damit laut ihrer Statuten andere Ideen im Vordergrund stehen.

14.3   Social Entrepreneurship – Wirtschaftsunternehmen mit Wirkung

Für Spender, die nach Möglichkeiten suchen, ihr Geld in klar SDG-17-fokussierte Organisationen zu investieren, bieten sich bessere Möglichkeiten an: Social Entrepreneurship – genauer Social Enterprise und Social Business. Diese Organisationen arbeiten von ihrer Logik wie Wirtschaftsunternehmen, sind wirkungsorientiert und an den SDG 17 ausgerichtet.

Social Enterprises

Social Enterprises sind meist in einer gemeinnützigen Rechtsform organisiert, also als Verein oder gGmbH, damit sie einen Teil ihrer Kosten auch über Spenden und Zuwendungen decken können. Sie richten sich in der Regel an den SDG 17 Zielen aus und bauen wirkungsorientierte Organisationen und Prozesse auf. Es werden Waren oder Dienstleistungen hergestellt, die am freien Markt angeboten werden und im Wettbewerb zu anderen Leistungen am Markt stehen. Besonders hervorzuheben ist der Anspruch, einen neuartigen Aspekt in die erbrachte Leistung oder den Markt einzubringen, also gezielt Produkt-, Dienstleistungs- oder Geschäftsmodellinnovation voranzutreiben, um eine Marktveränderung im Sinne der SDG 17 Ziele zu erreichen. Der Erlös aus Spenden sollte 50 Prozent nicht übersteigen, damit die geschlossene Wirtschaftslogik bestimmender Faktor für die Organisation, Mitarbeiter und Kunden ist. Teilweise haben die Organisationen ein festes Ziel und in ihren Statuten die Auflösung vereinbart, wenn das Gründungsziel erreicht wurde.

Obwohl diese Organisationen meist deutlich kleiner sind als die typischen großen Spendenorganisationen, werden in Tabelle 6 dennoch einige aufgeführt, um einen praktischen Bezug herzustellen.

Organisation	Ziel	Geschäftsmodell
abgeordnetenwatch.de	Förderung der Beteiligungsmöglichkeiten und Transparenz in der Politik	Größtenteils durch Spenden und Fördermittel finanziert
Africa GreenTec	Stromerstversorgung vor allem in abgelegenen, ländlichen Regionen in Afrika	Teilweise durch Spenden finanziert
BrückenBauen gUG	Coachings, Workshops und Ausstellungen in den Bereichen Integration, Anti-Rassismus und Diversity	Größtenteils durch Spenden und Fördermittel finanziert

Organisation	Ziel	Geschäftsmodell
Balu und Du	Förderung der Potenziale benachteiligter Kinder, Abmilderung von Ungleichheiten	Größtenteils durch Spenden und Fördermittel finanziert
Changeverein/change.org	Stärkung der Demokratie, Ermöglichung der Beteiligung an politischen und nicht politischen Entscheidungsfindungen	Größtenteils durch Spenden und Fördermittel finanziert
Deutsche Knochenmarkspenderdatei (DKMS)	Registrierung von Stammzellspendern zur Therapie von Blutkrebs	Größtenteils durch Spenden und Krankenkassen finanziert
Digitale Helden	Förderung von Peer-Education und Kompetenz in digitaler Kommunikation	Größtenteils durch Fördermittel finanziert
EinDollarBrille	Zugang zu Brillen und damit ökonomischer Teilhabe	Größtenteils durch Spenden finanziert
GemüseAckerdemie	Steigerung der Wertschätzung für Lebensmittel	Größtenteils durch Spenden und Fördermittel finanziert
Querstadtein	Stadtführungen aus der Perspektive von Obdachlosen und Geflüchteten	Teilweise durch Fördermittel finanziert
Social-Bee	Reduktion der Langzeitarbeitslosigkeit von Geflüchteten, Förderung der Arbeitsmarktintegration	Größtenteils durch Spenden und Fördermittel finanziert
Viva con Agua	Zugang zu sauberem Trinkwasser und einer sanitären Grundversorgung für alle Menschen	Größtenteils durch Spenden und Fördermittel finanziert
Zweitzeugen	Ermutigung und Befähigung junger Menschen, gegen Rassismus und Antisemitismus vorzugehen	Größtenteils durch Spenden und Fördermittel finanziert

Tab. 6: Ausgewählte Social-Enterprise-Organisationen (Quelle: eigene Recherchen, Details siehe Anhang/Tabellen)

Social Enterprises vermeiden den wesentlichen Nachteil von Spendenorganisationen: Letztere haben keinen geschlossenen Wirtschaftskreislauf und tun sich schwer damit, ihre Leistungen an den aktuellen Bedarf anzupassen. Social Enterprises verfolgen meistens SDG 17 Ziele und sind damit gut geeignet für Spender, die wirkungsorientiert in die SDG 17 investieren möchten. Aufgrund ihrer geringeren Größe erfolgt eine starke Fokussierung auf ein oder wenige Ziele. Dadurch ist die Spezifität einer Unterstützung deutlich präziser.

14.4   Selbstfindung – Rolle und Absicht

Anhand eines Überblicks über die verschiedenen Organisationsformen lässt sich einfacher entscheiden, wo und wie man sein Geld und/oder seine Zeit am besten investiert, wenn man die SDG 17 Ziele unterstützen möchte. Dafür ist es sinnvoll, sich zunächst eine klare Vorstellung über die eigene Rolle und seine Absichten zu verschaffen. Ein Überblick dazu gibt Abbildung 20. Jeder Leser kann sich damit die Frage stellen, welche Rolle er einnehmen möchte.

- **Spender:** rein passiv als Geldgeber oder in aktiver Form mit persönlichem Engagement,
- **Social Entrepreneur:** Mitarbeiter oder Manager in einer Organisation, die ein Impact-Thema nach vorne bringt und durch aktiven Einsatz treibt,
- **Impact Entrepreneur** oder **Impact-Unternehmer:** ein wirtschaftlich voll im Risiko stehender wesentlicher Treiber und Gestalter für ein ganzes Geschäftsmodell mit unternehmerischer Verantwortung,
- **Impact-Investor:** privater Anleger oder Profi mit Renditeerwartung, aber auch einem klaren Interesse an einer konkreten und nachvollziehbaren Wirkung.

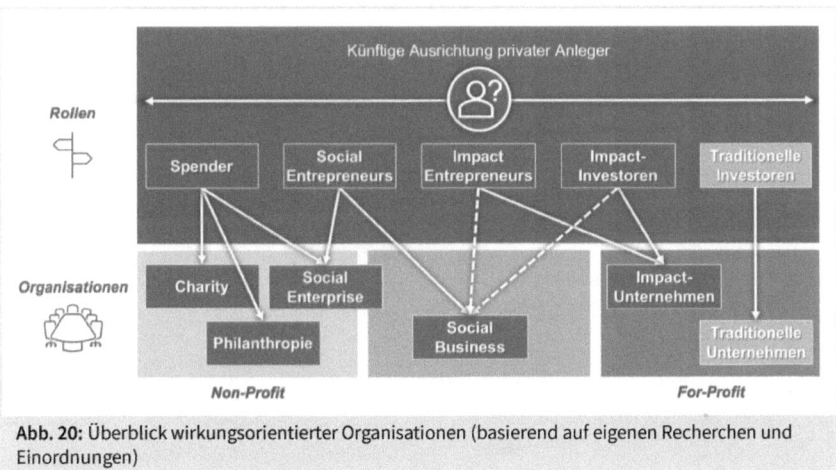

Abb. 20: Überblick wirkungsorientierter Organisationen (basierend auf eigenen Recherchen und Einordnungen)

Aber auch die Absicht des Handelns ist wesentlich. Liegt der persönliche Fokus darauf, humanitäre Hilfe zu unterstützen, Leid zu lindern oder Katastrophen abzufedern? Wo möchte ich Wirkung erzeugen? Und die zentrale Frage dieses Buches: Möchte ich die SDG 17 Ziele unterstützen – in allgemeiner oder hochspezialisierter Form?

Es ist enorm wichtig, sich selbst zu verorten, damit sich auch ein gutes Gefühl einstellt, wenn man Geld und/oder Arbeit in ein Vorhaben investiert. Als letzter Punkt dieses Kapitels soll noch eine weitere Möglichkeit vorgestellt werden, die möglicherweise weitere Menschen dazu bringt, sich sozial und ökologisch aktiv zu betätigen: das *Social Business*.

14.5   Social Business – in between: das Beste aus zwei Welten?

In Abbildung 20 ist bei den Organisationen zwischen Non-Profit und For-Profit noch ein weiterer Bereich zu erkennen: Social Business.

Social Businesses leben im Spannungsfeld von wirtschaftlicher Autonomie und Wirkungsorientierung. Sie wollen die Nachteile des nicht geschlossenen Kreislaufes aus dem Non-Profit-Bereich komplett beheben und haben als Ziel die Lösung sozialer Probleme mit unternehmerischen Mitteln.

Zuvor wurde bereits Social Enterprise beschrieben als ein selbsttragendes Geschäftsmodell, bei dem der Profitgedanke aber im Hintergrund steht. Die dauerhafte Profitabilität ist dabei häufig eine Herausforderung. Daher sind solche Organisationen oft auf hybride Geschäftsmodelle mit Spendenkomponenten gestützt und/oder auf Fördermittel angewiesen.

In Abgrenzung dazu soll das Social Business unabhängiger, aber weniger ambitioniert in Hinblick auf Finanzziele sein, indem es rein wirtschaftlich handelt, aber keine Gewinnausschüttung an Kapitalgeber vorgesehen ist. Es handelt sich damit um ein *Dual-Motive-Konzept*: Profit und soziale Ziele sollen erreicht, anfallende Profite jedoch vollständig zur Erreichung der Ziele reinvestiert werden (keine Gewinnausschüttung). Dies ist eine deutliche Abgrenzung zum Impact-Unternehmertum, bei dem eine klare Gewinnausschüttung an Investoren erwartet wird. Social Businesses eignen sich gut, um Wirkungskredite zu nutzen, gerade zur Finanzierung einer Wachstumsphase. Elementarer Bestandteil der Social-Business-Logik ist die Erfolgsmessung und Wirkungskontrolle gegenüber den Stakeholdern.

Je nach Geschäftsmodell können Kapital und Unterstützung von Social Entrepreneurs oder auch von sogenannten *Venture Philanthropists* stammen. Letztere sind eine Sonderform, bei der sich Investoren verpflichten, neben einem finanziellen Beitrag auch nicht finanzielle Hilfe zu leisten. Dabei wird die Strategie *Investing for Impact* verfolgt, bei der ein hohes Risiko getragen wird und finanzielle Gewinne nicht erwartet werden[74] (Fokus auf eine große Wirkung). Dies stellt gleichzeitig die Differenzierung zu Impact Entrepreneurship dar, bei der wirkungsorientierte Unternehmen gemäß dem *Investing-with-Impact-Ansatz* mit einer Profiterwartung unterstützt werden (Fokus auf den Wirkungsnachweis). In Tabelle 7 finden sich Beispiele für Organisationen aus dem Bereich Social Business.

Organisation	Ziel	Geschäftsmodell
GLS Bank	Nachhaltige Bankprodukte	Finanziell eigenständig
Grameen Bank (Muhammad Yunus)	Mikrofinanzprodukte	Finanziell eigenständig
Hilfswerft gGmbh	Förderung von Social Entrepreneurship	Finanziell eigenständig
Polarstern	Nachhaltige Energieprodukte (z. B. Ökostrom und Ökogas)	Finanziell eigenständig
SEKEM	Nachhaltige Herstellung von Kräutern, Gemüse und Textilien	Finanziell eigenständig
SHIFT	Herstellung leistungsstarker und ressourcenschonender Smartphones	Finanziell eigenständig
Soulbottles	Nachhaltig und klimaneutral produzierte Flaschen	Finanziell eigenständig
Tür an Tür – Digitalfabrik	Unterstützung von Geflüchteten beim Einstieg in ein neues gesellschaftliches Leben	Finanziell eigenständig, Fördermittel und Spenden spielen eine untergeordnete Rolle

Tab. 7: Ausgewählte Social-Business-Organisationen (Quelle: eigene Recherchen, Details siehe Anhang/ Tabellen)

Eine genaue Abgrenzung zwischen den einzelnen Organisationsformen ist im Detail schwierig und kann sich über den zeitlichen Verlauf – je nach Entwicklung der jeweiligen Organisation – auch ändern. So kann beispielsweise die *DKMS* (siehe Tabelle 6) als Charity-Organisation oder Social Enterprise eingestuft werden. Das Gleiche gilt sowohl für die *Grameen Bank* als auch für *Africa GreenTec*, die beide teils dem Bereich Social Enterprise zugeordnet und teils als Social Business bezeichnet werden.

Social Business ist damit ein neues Konzept, mit dem sich Impact-Unternehmertum durch sozial und ökologisch engagierte Menschen mit geringerem wirtschaftlichem Druck realisieren lässt. Denn Social Businesses nehmen als Grundprinzip kein externes Kapital von Investoren auf.

Menschen, die vor allem sozial etwas bewegen, aber keine unternehmerische oder wirtschaftliche Gesamtverantwortung übernehmen wollen, können als Social Entrepreneurs wirken. Die meisten wissenschaftlichen Ansätze gehen davon aus, dass ein Social Entrepreneur nicht zwingend selbst ein Unternehmen betreiben muss. Er kann auch aus anderen Strukturen heraus sozialunternehmerisch tätig werden. Im Zentrum steht vielmehr die Innovationskraft seiner Ideen sowie Mut, Tatendrang und unternehmerisches Denken bei deren Umsetzung.[75] In kirchlichen Organisationen sind dies zum Beispiel Priester oder auch Gemeindemitglieder, die soziale Projekte für eine Gemeinde auf den Weg bringen und daher keine separate Organisation benötigen. Ein solches projektmäßiges Vorgehen ist bei Social Entrepreneurs häufig anzutreffen.

Zusammenfassung

Es gibt viele konkrete Möglichkeiten, sich für die SDG 17 Ziele zu engagieren. Auch als Spender kann man etwas bewirken, doch das Finden der richtigen Organisation für die eigenen Absichten und Ziele erfordert etwas Aufwand. Klassische Spendenorganisationen haben meist viele verschiedene Ziele, man kann die genaue Verwendung der Spende nicht bestimmen. Mit Social Enterprise und Social Business gibt es neuere Formen, die für die Verfolgung der SDG 17 Ziele besser geeignet sind, weil sie spezifischer agieren. Sie unterscheiden sich im Detail dadurch, inwieweit sie parallel zum Wirtschaftsbetrieb Spendengelder annehmen (Social Enterprise) oder wirtschaftlich autonom, aber ohne Gewinnerzielungsabsicht agieren (Social Business).

TEIL 3
Wie wir jetzt anfangen können

15 Wie können wir Risiken, Irrwege und Missbrauch vermeiden?

Für Ungeduldige: Jedes Konzept hat Schwachpunkte und bietet Angriffsflächen, so auch die Impact-Idee. Doch diese negativen Aspekte sollten uns nicht davon abhalten anzufangen. Einige dieser Schwächen und auch Risiken in der Anwendung von Impact Investing werden wir uns in diesem Kapitel ansehen und untersuchen, wie wir die Schwächen vermeiden und Risiken umgehen können. Was bedeutet das für Investoren, private Anleger und Unternehmer?

Nach der umfassenden thematischen Einführung (Teil 1) und der Betrachtung der Praxis (Teil 2) geht es nun darum, einen konkreten Startpunkt in die Impact-Welt für jeden von uns zu finden, und zwar für

- **professionelle Investoren** in ihrer gesamten Breite – Profis aus der VC- und PE-Industrie und auch Anleger in Stiftungen,
- **Macher**, also alle Unternehmer, Social Entrepreneure, egal ob Gründer, Manager in reinen Wirtschaftsunternehmen oder Manager und Entscheider in Sozialunternehmen, Wohltätigkeitsorganisationen oder NGO sowie
- **uns Bürger** in unseren Rollen als Konsumenten, private Anleger oder Wähler.

Starten wollen wir damit, Irrwege wie Greenwashing und Impactwashing zu vermeiden.

Greenwashing und *Impactwashing* sind bedeutende Herausforderungen, weil sie das zentrale Vertrauen von Verbrauchern in die Verfolgung von Nachhaltigkeitszielen erschüttern. Schon in der der ESG-Welt gibt es seit mehreren Jahren den Begriff und das Phänomen des Greenwashing. Hierbei geht es um das Handeln einer Organisation, durch aktive Kommunikation ein umweltfreundliches und nachhaltiges Außenbild zu erzeugen – also absichtlich nur so zu tun, als ob man etwas tut. Dies kann zum Beispiel über irreführende Werbung, Partnerschaften mit positiv besetzten anderen Organisationen, Weglassen von Informationen zu negativen Auswirkungen oder über Einflussnahme von Lobbyisten, Influencern und den Einsatz von PR-Agenturen erfolgen.

Wenn man tiefer in die Thematik einsteigt, ist das Erkennen der Absicht oft gar nicht so einfach. Ist tatsächlich jedwedes Verschweigen negativer Auswirkungen im Rahmen von Werbung schon Greenwashing? Sicher nicht, denn Werbung dient ja genau dazu, die positiven Eigenschaften eines Produktes anzupreisen.

Beispiel *Krombacher*

Über viele Jahre hieß das Versprechen sinngemäß: Für einen Kasten *Krombacher* spenden wir dem WWF das Geld, damit ein Quadratmeter Regenwald für 100 Jahre geschützt werden kann. [76]
Krombacher wird vielfach als Beispiel für Greenwashing genannt, weil dabei mit einem Umsatzanteil von unter 0,5 Prozent ein Projekt gefördert wurde, was realistisch niemals die gesteckten Ziele erreichen kann. Dass es sich um eine geschickte, verkaufsfördernde Maßnahme handelt, ist unbestritten. Man kann jedoch davon ausgehen, dass *Krombacher* in bester Absicht gehandelt hat.

Aus der Sicht des Jahres 2002, als diese Aktion startete, ist die kommunizierte Logik, dass man dem *WWF* für jeden verkauften Kasten Bier einen Geldbetrag spendet und der *WWF* dann das Versprechen einlöst, akzeptabel. Aus einer heutigen Impact-Logik heraus ist klar, dass diese Spende nur der Output ist, damit eine andere Organisation daraus hoffentlich Outcome und schließlich Impact erzeugt. So weit waren wir alle jedoch 2002 noch nicht. Es zeigt aber, dass die Impact-Logik mit konkreten Wirkungsketten und dem Erfordernis eines zahlenmäßigen Nachweises hilft, solche Situationen zu vermeiden.

Wenn wir Firmen so beurteilen, dann müssen wir uns in Zukunft also auch selbst fragen, ob das Bereitstellen von Geld (Spenden) ausreicht, damit wir das gute Gefühl haben dürfen, etwas Nachhaltiges getan zu haben.

In der Öffentlichkeit bisher weniger negativ diskutiert werden Fälle, in denen Unternehmen einen positiven Folgeeffekt im Nachhinein durch PR als beabsichtigtes nachhaltiges Handeln erscheinen lassen. Zum Beispiel: In der Coronazeit haben unsere Mitarbeiter weniger CO_2 beim Pendeln erzeugt. CO_2 einsparen, wenn niemand mehr ins Büro fährt, war aber nicht das Ergebnis eines Projektes, sondern eine unbeabsichtigte Auswirkung eines anderen Ereignisses. Aber auch dies ist nicht immer einfach zu beurteilen. Wenn *Walmart* sagt, dass sie in konkret bezifferbarer Form Plastikverpackungen bei ihren Lieferanten reduziert haben, dann war dies realistisch ein übliches und normales Kostenreduktionsprojekt. Doch darf man darüber nicht positiv berichten?

Die meisten dieser Problematiken der ESG-Welt lassen sich mit sauber ausgeführtem Impact-Unternehmertum vermeiden: Impact-Ziele und Messzahlen vorher festlegen und kommunizieren, einen Regelkreislauf und eine saubere Kette von Input–Output–Outcome–Impact aufbauen und dann in nachvollziehbarer Form darüber berichten. Die Impact-Logik hilft also, typisches Verbraucher-Greenwashing zu vermeiden, weil sie eine ganze Kette aufbaut und nicht aus einer einzelnen Aussage besteht, wie zum Beispiel »x Tonnen Plastik oder CO_2 eingespart«. Nicht geklärt ist dabei, wie weit Werbung gehen darf und ab wann sie irreführend ist. Den einzigen Kniff, den *Krombacher* doch angewendet hat, ist, dass sie uns in der Werbung nicht direkt erklärt haben, dass

sie nur ca. 0,5 Prozent des Umsatzes an den *WWF* spenden und sich hingegen der Slo-
gan »1 Kasten = 1 Quadratmeter« einfach nach viel mehr anhört.

Bisher haben wir Greenwashing mit Beispielen für physische Endverbraucherprodukte
betrachtet. Beispiele für in Medien beleuchtetes Impactwashing finden sich vor allem
in der Finanzwelt. Hier geht es meist um Nachhaltigkeitsfondsprodukte, die ein ESG-Ra-
ster anlegen als Mindestlinie für eine Auswahl der Aktien eines Unternehmens für einen
Kauf im jeweiligen Fond. Die Unternehmen haben dazu die in Kapitel 10 beschriebenen
Frameworks ausgefüllt und konnten dadurch die Mindeststandards aus der ESG-Logik
erfüllen. Damit sind dann auf einmal Unternehmen wie *RWE* oder *Exxon,* die hinblickend
auf ihr Produktportfolio und dessen Auswirkungen auf die Umwelt teils kritisch wahrgenommen werden, in einem Nachhaltigkeitsfonds vertreten. Denn natürlich können sich
auch solche Unternehmen vorbildlich gegenüber ihren Mitarbeitern verhalten und soziale Projekte unterstützen und damit über mehrere Berichtszeiträume ihren ESG-Score
verbessern. Es hängt mit der ESG-Logik Do-No-Harm zusammen. SFDR löst dieses Problem, indem solche Unternehmen in Zukunft über ihre Risiken sprechen müssen, die
sie verursachen. Noch kann in einigen Fällen im Verkaufsprospekt eines solchen Fonds
dann in Werbesprech daraus ein Impact-Fonds werden. Daran sieht man das Problem
von längeren Informationsketten. Eigentlich ist alles klar, aber am Ende doch nicht richtig. In Zukunft sollte die Offenlegungsverordnung solche Fälle in Europa verhindern.

Diese Übertreibung in den Werbeaussagen von Finanzprodukten existiert und muss
so schnell wie möglich gestoppt werden. Und genau das hat die EU mit der Offenlegungsverordnung im März 2021 auf der regulatorischen Ebene auch getan. Da die
neuen und besseren Regeln im Jahr 2021 im Rahmen einer Übergangsfrist zunächst
für Finanzorganisationen mit mehr als 500 Mitarbeitern gelten, dürfte uns das Problem aber noch ein wenig erhalten bleiben (siehe Kapitel 11). Käufer entsprechender
Produkte müssen sich also aktuell noch das Kleingedruckte etwas genauer ansehen,
um hier die Wellenreiter zu entlarven. Der Impact-Begriff erhält durch SFDR allerdings
endlich eine klarere Definition.

Welche Folgen haben Greenwashing und Impactwashing für uns als Investoren, Unternehmer und Privatanleger?

- Für Investoren kann dies nur bedeuten, sich strikt am Ziel der EU-Offenlegungsverordnung zu orientieren und *light green* – Einhaltung der ESG-Mindestvorgaben –
  deutlich von *dark green* – Impact-Anlagen – in der Kommunikation zu unterscheiden.
- Privatanleger wie Konsumenten müssen aufpassen und können sich vor allem
  durch Recherche und Überprüfung eine realistische eigene Meinung bilden.
- Unternehmer und alle, die bei der Transformation in eine Impact-Welt helfen wollen, sollten von sich selbst und anderen vor allem Haltung einfordern. Haltung ist
  das entscheidende Quantum (eigene) Würde, das uns vor dem Abrutschen in die
  Beliebigkeit schützt.

Auch wenn es in Zukunft dank SFDR besser werden wird, wird das Credo der PR-Apparate weiterhin noch »Tue Gutes und sprich darüber« sein. Impact Investing und Impact-Unternehmertum machen unsere Welt zwar besser, werden aber besonders in der Anfangszeit auch zu mehr Missverständnissen führen.

15.1   Missverständnisse in der Kommunikation vermeiden

Impact Investing und Impact-Unternehmertum sind keine klar definierten Begriffe – es bleibt Raum für Interpretation. Nicht jeder hat Zeit und Lust, viel Energie in die Thematik und ein gemeinsames Verständnis zu investieren wie dankenswerterweise die Leser dieses Buches.

Was kann schieflaufen?
- Firmen nutzen die Impact-Welle, um bei Investoren, Mitarbeitern oder Konsumenten ein falsches Bild zu erzeugen.
- Unternehmen überschätzen die Fähigkeiten, mit ihren Produkten wirklich Impact zu erzeugen.
- Kunden verstehen die Impact-Aspekte des Produktes nicht vollständig und fällen ihre Kaufentscheidungen aufgrund falscher Annahmen.
- Wir hoffen als Unternehmen und/oder Kunden auf kurzfristige Ergebnisse.

In einer Welt, in der immer mehr Menschen von Impact reden, wird es zunehmend schwieriger, Kundenprodukte zu finden, die echten Impact erzeugen. Es wird immer schwieriger, die realistischen Erwartungen zu kommunizieren und die tatsächlichen Fakten nachzuvollziehen.

Nur mit Aufwand und Interesse lässt sich die Spreu vom Weizen trennen. Aber es geht. Und die Fragen, die zu stellen sind, haben wir bereits besprochen:
- Was ist der konkrete Outcome? Und wie kann damit tatsächlich Impact erzeugt werden?
- Was wird wie verändert?
- Gibt es negative Langzeiteffekte?

Jeder, der seinen Impact misst und über Ziele steuert, kann diese Fragen klar beantworten. Die Informationen sollten in Planungsdokumenten und einem aktuellen Berichtswesen zu finden sein.

Es muss nicht immer eine Absicht dahinterstecken, wenn übertrieben wird oder falsche Informationen geliefert werden. Zu hoch gesteckte Ziele, Ungenauigkeiten durch ein wenig zu positives Marketing, die falschen Anreizsysteme für Mitarbeiter – die verschiedensten Aspekte können bereits zu kleinen Unschärfen führen, die sich über die Zeit allerdings zu falschen Aussagen entwickeln.

All das führt für Verbraucher, Unternehmer und Anleger zu einer immer höheren Komplexität. Das soll am Beispiel von *Apple* deutlich gemacht werden.

Beispiel *Apple*

Das Unternehmen *Apple* hat im Juni 2020 in einer Pressemeldung angekündigt, bis zum Jahr 2030 zu 100 Prozent CO_2-neutral zu sein inklusive aller Zulieferer. [77] Im englischen Wortlaut ist dies präzise formuliert worden (»We're carbon neutral. And by 2030, every product you love will be too«), von der deutschen PR ist hieraus eine deutlich stärkere Aussage gemacht worden: »Apple verpflichtet sich zur 100-prozentigen Klimaneutralität seiner Zuliefererkette und seiner Produkte bis 2030.« Klimaneutral ist deutlich mehr als CO_2-neutral. Der Konzern tut auch deutlich mehr, als nur CO_2 zu reduzieren. Es geht um Energieeffizienz, Recycling, neue Materialien und Produktionsprozesse. Hierüber wird auf der englischsprachigen Website durch weitergehende Details informiert. [78]

Aber auch *Apple* kann als produzierendes Unternehmen nicht zaubern. Bei der Produktion entsteht CO_2. Damit man CO_2-neutral wird, muss man kompensieren. Dazu legt *Apple* Wälder an und erzeugt grünen Strom selbst. Nur so kann eine Bilanz, die negative Anteile durch die Produktproduktion enthält, wieder auf eine Null gebracht werden. Die Maßnahmen und Initiativen sind auf jeden Fall zu begrüßen. Die Ernsthaftigkeit ist durch den mittelfristigen Plan bis 2030, die vorher kommunizierten Teilziele und Stufen als seriös einzuordnen. Zudem behauptet *Apple* nicht, dass es ein Impact-Unternehmen ist. Sie kommunizieren, dass sie den einen, aktuell sehr wichtigen Messwert CO_2 bilanziell auf null bringen wollen – also ein konkreter Outcome für einen Wert.

Ist damit alles gut? Im Sinne der Konsistenz von Aussagen, Nachvollziehbarkeit, Ernsthaftigkeit: ja. Werden damit in breiter Form SDG 17 Ziele verfolgt? *Apple* könnte sich bestimmt noch weiter herauswagen und einige Ziele finden, bei denen sie einen Beitrag leisten. Tun sie aber nicht. Das Unternehmen bemüht sich in professioneller Form, die negativen Auswirkungen seiner Produkte in vielen Bereichen zu reduzieren und hat ein klares Ziel ausgegeben, einen Messwert bis 2030 zu neutralisieren. Mehr kann ein Produktionsunternehmen in dieser Dimension erstmal auch nicht tun. Herleitungen, dass zum Beispiel mit Sharing Apps, die auf den Endgeräten laufen, ein Impact erzielt werden kann, wären reine Marketingaussagen.

Eine echte Bewertung auf viel tiefergehenden Ebenen ist für Verbraucher und private Anleger nur schwer möglich. Die Komplexität der Einflussfaktoren ist hierfür zu groß.

Solange sich *Apple* im ESG-Bereich einordnet und kommunikativ auf CO_2-Neutralität setzt, ist eine weitere Bewertung schwierig. Erst bei Impact-Unternehmen ist eine klarere Nachvollziehbarkeit der IOOI-Kette möglich. Solange man sich also als Unternehmen in die SFDR-Artikel-8-Klasse einordnet, ist eine echte Bewertung wegen der hohen Komplexität auch mit den vorgestellten Frameworks nur schwer möglich.

15.2   Die Komplexität nimmt zu

Nachdenklich stimmt der Artikel von Kenneth P. Pucker[79], jahrelang COO von *Timberland*, einem Schuhhersteller, der sich sehr früh der Nachhaltigkeit verschrieben hat. Er beschreibt, wie das Unternehmen sehr große Anstrengungen bei den messbaren Verbesserungen von Nachhaltigkeitsparametern über Jahre verfolgt und verfeinert hat. *Timberland* hat schon in den 1990er-Jahren im gesamten ESG-Umfeld, also auch bei der Verantwortung als sozialer Arbeitgeber begonnen, Maßnahmen umzusetzen. Ein konsequentes öffentliches ESG-Berichtswesen wurde bereits 2001 eingeführt. Aber allein das starke Wachstum des Unternehmens hat dazu geführt, dass der ökologische Fußabdruck schlechter statt besser geworden ist. Das immer granularer werdende Berichtswesen bei der genauen Herkunft der Zulieferprodukte wurde so komplex, dass das Management das Vorhaben der genauen Nachvollziehbarkeit aufgegeben hat. Zu stark sind die Finanzziele mit den ESG-Bemühungen kollidiert. Man könnte diese hohe Komplexität als Auswirkung der ESG-Logik abtun. Allerdings ist davon auszugehen, dass solche Schwierigkeiten auch bei Impact-Unternehmen auftauchen werden.

Ebenfalls komplexitätsfördernd sind die Emissionseffekte zweiter und dritter Ordnung (Scope-1,-2-und-3-Emissionen). Denn ein Unternehmen emittiert nicht nur CO_2 durch den Kraftstoff oder die Produktionsprozesse, sondern auch über indirekte Prozesse bei Vorprodukten und Lieferanten. Zudem gibt es solche negativen Effekte nicht nur bei Kohlenstoffdioxid, sondern auch bei allen anderen Emissionsthemen.

Für CO_2 wurde durch das *Greenhouse Gas Protocol (GHG Protocol)* [80] eine dreistufige Klassifizierung der Emissionseffekte definiert.

Greenhouse Gas Protocol (GHG)

Kerngedanke des GHG ist, die bei der Erbringung von Dienstleistungen und Produktion von Waren eingebundenen Prozesse ebenfalls in eine Gesamtbilanz miteinzubeziehen, wobei es nur Treibhausgase berücksichtigt. Summiert werden alle entstehenden Treibhausgase entlang der gesamten Wertschöpfungskette, die mit der Rohstoffgewinnung beginnt und mit der Entsorgung endet. Es wird eine Unterscheidung in drei Klassen (*Scopes*) vorgenommen.

- **Scope-1-Emissionen** sind alle direkt im eigenen Unternehmen freigesetzten klimaschädlichen Gase (Produktion, Transport, Klimatechnik und weitere).
- **Scope-2-Emissionen** berücksichtigen die indirekte Freisetzung klimaschädlicher Gase von Energielieferanten, zum Beispiel Strom.
- **Scope-3-Emissionen** berücksichtigen auch die indirekte Freisetzung klimaschädlicher Gase in allen zum eigenen Produkt oder Service vor- und nachgelagerten Lieferketten.

Auch wenn dies letztlich ein Beispiel für die Komplexität von Bilanzierung ist, so sieht man daran, dass jegliche Form der Quantifizierung zu einer immer höheren Komplexität führt und sich damit bei unklaren Vorgehensweisen und nicht öffentlich nachvollziehbaren Rechenwegen immer Angriffspunkte ergeben werden.

Das zahlenmäßige Untermauern aller IOOI-Schritte ist elementare Aufgabe der Impact-Aktivitäten und zugleich auch Treiber für Komplexität. Die Optimierung von bestehenden Geschäftsmodellen und Produkten führt uns in der Regel in die ESG-Welt und den Ansatz, die Natur weniger zu zerstören. Wir sollten als Verbraucher, Konsument und Gestalter mehr echte Veränderung in einer impactgetriebenen Welt zulassen, bei der die Verstärkung von positiven Aspekten im Vordergrund steht. Das führt uns zu einem aktiven Verständnis und ermöglicht uns, einen neuen Startpunkt für Veränderung zu suchen.

15.3 Anfangen – auch wenn es kompliziert ist

Am sinnvollsten ist es für jeden von uns, wenn wir bei uns selbst anfangen. Macht es Sinn, einen Ökostromanbieter zu nehmen? Da gibt es das Umspritzen von französischem AKW-Strom in norwegischen Wasserkraftwerken, die das Wasser nachts mit AKW-Strom den Berg hochpumpen und tagsüber kommt der Strom in grüner Form wieder den Berg runter. Aus diesem Grund nicht zu einem Ökostromanbieter zu wechseln, würde nicht zu einer Veränderung führen. Aber wenn wir uns nicht ändern, dann ändert sich auch der Markt und damit das Angebot nicht. Ist der Kauf von Ökostrom individuelles Greenwashing? Es hängt von der Haltung ab. Eigenes Verhalten und Muster zu ändern, hilft erst einmal, überhaupt größere Veränderungen zu ermöglichen.

Sollten wir beispielsweise Kurzstreckenflüge innerhalb von Deutschland verbieten? Hört sich gut an, hat aber einen Nebeneffekt. Da wir die Luftfahrtbranche bereits in den CO_2-Handel eingebunden haben, bedeutet eine Reduktion der angenommenen Mengen eine höhere Freimenge für die anderen Fluglinienwettbewerber in Europa, wodurch sich der CO_2-Zertifikatpreis reduzieren wird. Kurzstreckenflüge woanders werden also billiger. Wir drehen bereits an so vielen Schrauben, dass einfach scheinende Lösungen wieder neue Komplexität erzeugen.

Wenn wir schon fliegen oder in Urlaub fahren, sollten wir dann vielleicht unser schlechtes Gewissen wegkompensieren und zusätzlich Bäume pflanzen oder CO_2-Zertifikate kaufen? Kann man machen, muss man aber nicht. Denn wesentlicher ist es, Dinge zu finden, in denen wir gut sind und selbst etwas bewegen können, zum Beispiel

- sich als Anleger die Zeit nehmen für eine tiefere Beurteilung und Prüfung von Fondsprospekten und einen Teil des Geldes in echte Impact Unternehmen anlegen,
- als Unternehmer Freiräume für neue Produkte und Services schaffen, die einen Impact haben können,
- als Konsument und Bürger nach konkreten Einflussmöglichkeiten im eigenen Umfeld suchen und diese umsetzen.

Zusammenfassung

Impactwashing gab es und wird es auch zukünftig geben. Und es wird Vertrauen zerstören. SFDR wird einen deutlichen Schub in Richtung Markttransparenz bringen. Wesentlich ist die Unterscheidung zwischen verkürzenden und optimierenden Werbebotschaften und den zur Produktunterscheidung notwendigen Detailbeschreibungen, bei denen es auf die Präzision der Darstellung einer Wirkungskette ankommt. Die Beispiele zeigen, wie schwierig das im Detail sein kann. Professionelle Investoren und Unternehmen werden in Zukunft eine besondere Verantwortung haben, mit welcher Haltung sie ihre Inhalte, Produktbeschreibungen und Werbeaussagen verfassen und verbreiten. Private Konsumenten sollten in positiv-kritischer Form auf eine präzise Kommunikation seitens der Unternehmen achten.

16 Haben wir überhaupt noch eine Chance? Ein Realitätscheck

Für Ungeduldige: Es ist sicher, dass wir schon allein über das Bevölkerungswachstum eine massive Ausweitung des CO_2-Verbrauchs verursachen. Weitere Länder werden durch Steigerung des Wohlstandes in Zukunft deutlich mehr Energie benötigen. Macht eine Veränderung bei uns überhaupt noch Sinn? Die Analyse von Zahlen zeigt uns unsere persönliche Position, unsere individuellen Risiken und hilft uns, unsere eigenen Chancen zu entdecken. Und Chancen gibt es genug. Wir können mit innovativen Ideen die Entwicklung in Entwicklungsländern beeinflussen. Unser großer Hebel in Deutschland ist die Mobilität – hier lohnt es sich, nach neuen Lösungen zu suchen.

Wenn es um die Rettung unseres Planeten geht, wird aktuell vor allem das Thema CO_2-Ausstoß diskutiert und medial bearbeitet. Es ist das Maß der Dinge, bei dem wir am konkretesten fühlen, dass uns die Zeit davonläuft. Der CO_2-Ausstoß gilt als direkt verantwortlich für den Temperaturanstieg und dieser führt entlang diverser Kipppunkte zur direkten und unumkehrbaren Unbewohnbarkeit unseres Planeten.

Aber auch alle anderen Nachhaltigkeitsziele verdienen unsere Aufmerksamkeit. Die aktuellen Informationen zum Stand unseres Planeten aus dem Blickwinkel der 17 SDG-Ziele sind auf der Webseite https://sdg-tracker.org in stets aktueller Form zu finden. Wer sich dort informiert, sieht, dass wir bei vielen Teilzielen auf einem guten Weg sind – wären da nicht diese Treibhausgase. Weil die Zeit bei Ziel 13 (Maßnahmen zum Klimaschutz) schon überschritten ist, werden wir in diesem Bereich enorme gemeinsame Anstrengungen leisten müssen, um den aktuellen Trend zu brechen und die Geschwindigkeit der weiteren Erderwärmung zu verzögern. Daher wollen wir uns in diesem Kapitel darauf beschränken, unsere Situation speziell unter dem Aspekt Treibhausgase besser zu begreifen.

16.1 Unsere größte Herausforderung: die Entwicklung der Weltbevölkerung

Der wesentliche Treiber allen Übels sind in zweifacher Weise wir Menschen. Wir werden jeden Tag immer mehr. Die aktuelle Prognose besagt, dass wir uns bis zum Jahr 2100 auf eine Gesamtbevölkerung von ca. elf Milliarden Menschen entwickeln werden – zum Vergleich: 2021 sind es rund 7,9 Milliarden. Diese Entwicklung, aufgeteilt nach Regionen, ist in Abbildung 21[81] zu finden. Fast das gesamte Wachstum der Bevölkerung kommt vom afrikanischen Kontinent, während Europa, Nordamerika und ab ca. 2040 auch Asien beginnen zu schrumpfen. In 80 Jahren werden damit knapp 50 Prozent mehr Menschen diesen Planeten bevölkern. Nach den Prognosen wird unsere Population ab dem Zeitpunkt nicht weiter wachsen. All diese Überlegungen liegen weit außerhalb des Handlungsfensters unserer Generation. Und in den nächsten Jahren müssen wir nun einmal von mehr Menschen auf dieser Erde ausgehen.

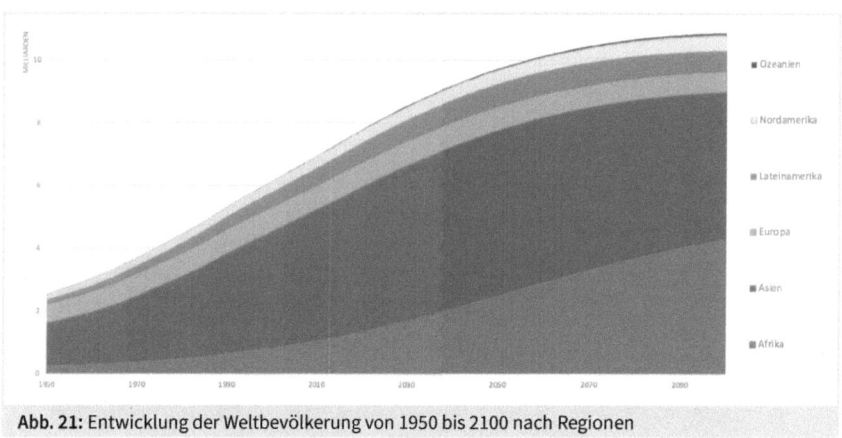

Abb. 21: Entwicklung der Weltbevölkerung von 1950 bis 2100 nach Regionen

Doch damit nicht genug: Der Energieverbrauch pro Erdbewohner nimmt zu, je besser es uns geht. In China, Indien und anderen Ländern steigt der Energiebedarf rasant an, weil sowohl die Bevölkerung als auch der Wohlstand wachsen. Abbildung 22[82] zeigt den Pro-Kopf-Primärenergieverbrauch ausgewählter Länder: Deutschland und Frankreich haben einen sehr ähnlichen Primärenergieverbrauch, der bei ca. 55 Prozent des US-Verbrauchs liegt. Der Energieeinsatz pro Kopf liegt in China noch bei ca. 30 Prozent unter dem der europäischen Staaten. Bei allen aufgeführten nichteuropäischen Ländern ist eine Entwicklung auf ein Niveau ähnlich den europäischen Ländern in den nächsten 20 bis 30 Jahren allerdings realistisch. Zusammen mit den steigenden Bevölkerungszahlen ist dies ein extrem schlechter Trend.

Abbildung 22 zeigt auch die Verteilung der eingesetzten Primärenergien und es ist klar zu erkennen, dass die Energiequellen Kohle, Öl und Gas in der Betrachtung über alle Länder deutlich mehr als 70 Prozent des Energiemix ausmachen.

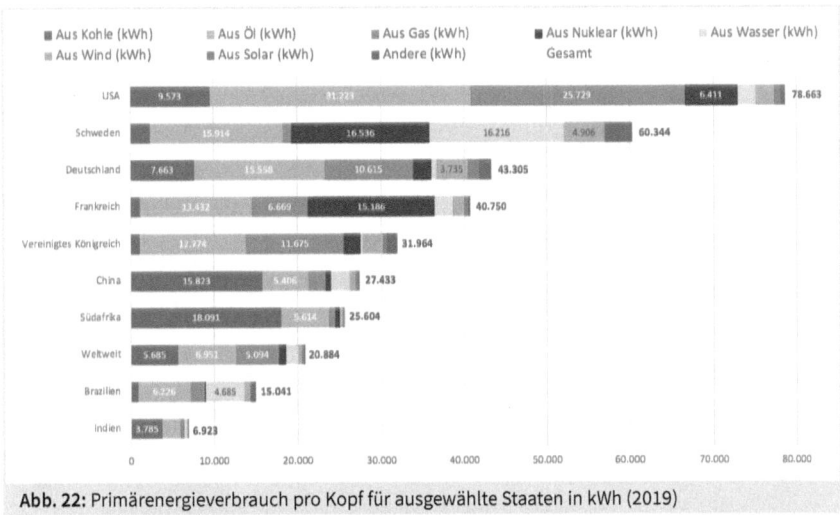

Abb. 22: Primärenergieverbrauch pro Kopf für ausgewählte Staaten in kWh (2019)

In Abbildung 23[83] ist die jährliche CO_2-Emission aufgeteilt nach Verursachungsland im Zeitraum von 1750 bis 2019 zu sehen. Man erkennt, dass wir es in Europa durch eine abnehmende Bevölkerung auf der einen Seite und eine höhere Energieeffizienz beim Bauen, der Mobilität und der Produktion andererseits schaffen, den absoluten CO_2-Ausstoß zu senken. Dies gilt ebenso für die USA.

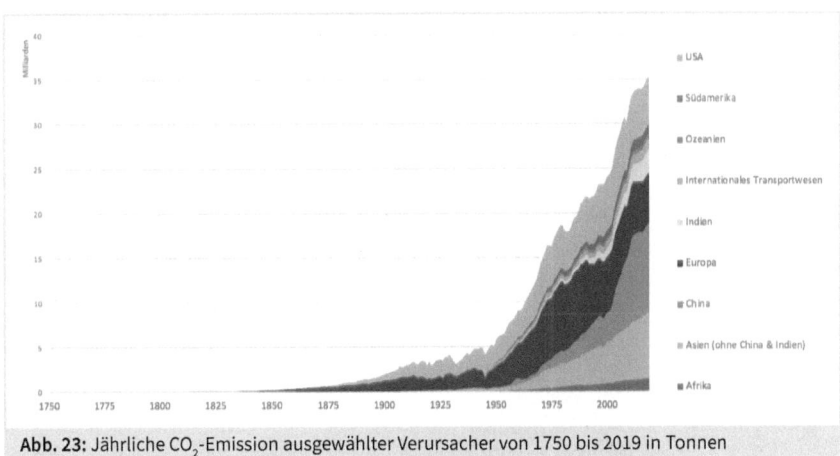

Abb. 23: Jährliche CO_2-Emission ausgewählter Verursacher von 1750 bis 2019 in Tonnen

Das massive Wachstum wird vor allem durch China, Asien und Indien verursacht. Es gibt klare Aussagen, dass wir kein CO_2-Restbudget zur Erreichung eines Zwei-Grad-Ziels mehr haben. Vielmehr werden wir auch mit einer theoretischen sofortigen Null-emission um das Jahr 2040 herum eine nochmals um zwei Grad höhere Erdtemperatur haben und mit den Konsequenzen leben müssen.[84] Das vermeintliche Budget ist eine

Grenze, die wir sicher durchbrechen werden. Dennoch müssen wir uns überlegen, mit welcher Strategie wir diese gigantischen Mengen reduzieren können.

Start-up-Logik mit exponentiellem Wachstum

Wie würden ein Impact-Investor und ein Impact-Unternehmer an diese Aufgabe herangehen? Was sind die größten CO_2-Treiber in den großen bevölkerungsreichen Ländern und Regionen China, Restasien und Indien?

Selbst in China haben nur etwas mehr als 60 Prozent der Bevölkerung Zugang zu sauberen Energiequellen wie Ethanol, Gas oder Elektrizität zum Kochen. 40 Prozent der Bevölkerung nutzen Tierexkremente, Holzkohle oder sonstige Abfälle für ihre Feuerstellen. In den anderen Ländern sind die Zahlen dramatischer. Man kann davon ausgehen, dass mehr als 50 Prozent des Energiebedarfs für das Kochen und Heizen verwendet werden. Wenn es gelingt, dafür in einer massiven Skalierung saubere Alternativen zu entwickeln und in der Fläche zu etablieren, dann ist dies der größte Hebel, den wir haben!

Das Bundesministerium für wirtschaftliche Entwicklung und Zusammenarbeit (BMZ) hat hierzu im Jahr 2021 einen Ideenwettbewerb mit dem Namen developpp ausgerufen, um deutsche Start-ups auf die Chancen in diesen Märkten aufmerksam zu machen. [85]

Der größte Hebel zur CO_2-Einsparung weltweit ist beim Heizen von Wohnflächen und dem Kochen in den Regionen China, Asien und Indien zu finden. Mit der Entwicklung von dort marktfähiger Technologie ist dieses Problem eine Riesenchance.

Die Klimakrise müssen wir als Chance begreifen. Wir sollten uns mit unseren innovativsten Köpfen um die technische, organisatorische, politische und finanzielle Lösung dieses Problems kümmern. Also mit Impact-Gründern, Impact-Unternehmern und Impact-Investoren. Das tun wir aber nicht, denn aktuell bündeln die 17 SDG zwar die Ziele, die Umsetzung erfolgt jedoch über die souveränen Staaten.

Geopolitik und das Dilemma souveräner Staaten

Wir erinnern uns an Kapitel 5 und die Einflussmöglichkeiten der Politik über Verbote und finanzielle Anreize. Das sind die Mittel der Politik eines Staates nach innen zu ihren Bürgern. Nach außen sind Staaten souverän, also ein eigenes System mit Politik, Gesetzen, Bürgern. Es gibt über Export und Import eine Kopplung von Wirtschaftssystemen. Aber es gibt keinen Regelkreis der Politik zwischen Staaten. Die UN hat Kommunikationsprotokolle und relativ unverbindliche Mindeststandards etabliert, aber echte Kreislaufsysteme sind das nicht. Und so stellt sich die Frage: Warum sollten Länder, die auf der Schwelle zum Industrieland stehen, ihr Wachstum einschränken und versuchen, CO_2 einzusparen, obwohl wir, die etablierten westlichen Industrieländer, deutlich mehr verbrauchen? Dies schränkt nur ihre Souveränität und ihre Wettbewerbsfähigkeit ein.

Wir können als Bürger westlicher Staaten dieses Politikdilemma mit lösen und einen Plan entwickeln, denn sonst können wir alle es nicht schaffen! Auf jeden Fall ist es eine extrem anspruchsvolle Aufgabe, die mindestens genauso ambitioniert ist wie die Vision von Elon Musk im Jahr 2006 in Bezug auf *Tesla*. Wir brauchen also weltweit Teams, die in dieser Dimension denken und dieses Problem angehen wollen.

16.2   Weitere Herausforderungen

Parallel zu dieser gigantischen Aufgabe können wir uns dann um die Herausforderungen vor der eigenen Haustüre, also in unseren Industrieländern, kümmern. Auch bei diesen bilden Energieerzeugung und Energieeinsatz für das Heizen noch einen großen CO_2-Block in der Bilanz. Aber wir sollten uns nicht nur um die großen Brocken kümmern, sondern auch um die emotionalen Aspekte, bei denen wir bei uns, jeder bei sich selbst anfangen können. Vielleicht sagen die Skeptiker, dass die Umstellung unserer Essgewohnheiten gar nicht so viel bringt. Aber es ist auf jeden Fall ein Aktivierungsthema, mit dem man viele erreichen und damit hoffentlich auch ein Umdenken in breiter Form bewirken kann. Schauen wir uns die Themen konkreter an:

Energie: Wir subventionieren in den USA und Europa weiterhin unsere fossilen Brennstoffe. Es geht um Geopolitik und Macht. Früher haben wir direkte und indirekte Kriege um Öl im Nahen Osten geführt und vor dem Aus der Ressource Angst gehabt. Wir haben versucht, unsere nordatlantischen Interessen mit Destabilisierung und Unterstützung von Despoten zu schützen. Dank Fracking in den USA und neuen Gasvorkommen in Europa sowie den Lieferungen aus Russland haben wir ein neues Versorgungsgleichgewicht gefunden. Um das zu erhalten, müssen wir in Europa und den USA unsere fossilen Brennstoffe stützen – gegen die Interessen unseres Planeten. [86]

> *Unsere Chance:* Wir müssen den Ausbau von regenerativen Energien massiv ausweiten und uns weitere Hebel zur Energieeinsparung erschließen. Dazu sollten wir nicht wie üblich weitere Interventionen von der Politik einfordern. Stattdessen sollten wir auf eine wirtschaftlich getriebene Graswurzelbewegung (also aus der Basis der Bevölkerung) mit vielen kleinen Schritten setzen, bei denen wir alle mitmachen können. Hier gibt es erfreuliche Beispiele, wie es gelingen kann. So hat die Stadt Bottrop mit kleinschrittigen Maßnahmen in zehn Jahren den CO_2-Ausstoß halbieren können, indem die Bürger zu aktiven Gestaltern gemacht wurden. [87] Durch kleine finanzielle Anreize ist eine Veränderungswelle entstanden und die Bürger haben deutlich häufiger ihre Bestandsimmobilien gedämmt, Photovoltaik installiert oder auf das Auto zum Pendeln verzichtet.

Fleischkonsum: Der Fleischkonsum wächst weiter. Die Food and Agriculture Organization der Vereinten Nationen (FAO) berichtet, dass sich der weltweite Fleischkonsum seit den sechziger Jahren fast verfünffacht hat. Diesmal sind es nicht die fernen, sich entwickelnden Länder, die hinzukommen, sondern auch der Pro-Kopf-Verbrauch in den Industrieländern steigt immer noch. Die FAO geht davon aus, dass der weltweite Pro-Kopf-Verbrauch von aktuell 85 kg bis zum Jahr 2030 auf 88 kg ansteigt. [88] Die durch die Fleischproduktion verursachte CO_2- und Treibhausgasemission ist erheblich. Pro kg Rind werden 99,48 kg CO_2 erzeugt, pro kg Lamm 39,72 kg und pro kg Käse 23,88 kg. [89]

> *Unsere Chance:* Egal ob Eiweiße aus Insekten, Umstellung der Ernährung auf weniger Fleisch oder die Entwicklung von vegetarischen Ersatzstoffen (zum Beispiel *Beyond Meat, Rügenwalder*): Es gibt viele innovative Ideen für Investoren und Unternehmer. Vor allem aber die Chance zur persönlichen Veränderung von jedem von uns bei seinen Essgewohnheiten.

Reisen: Unsere Reiseaktivitäten wurden durch die Coronapandemie gezwungenermaßen reduziert – minus 85 Prozent in 2020/2021 im Vergleich zu 2019 –, aber sobald die Bedingungen es aktuell und künftig zulassen, sitzen wir wieder im Flieger, Wohnmobil oder Auto. Und selbst wenn wir bei den Tourismuszahlen nicht mehr das starke Wachstum der letzten Jahre sehen, bleiben die Einflüsse auf unsere Umwelt spürbar. Haben wir im Jahr 2010 noch 950 Millionen Ankünfte pro Jahr bei touristischen Reisen gezählt, so waren es 2018 bereits 1,4 Milliarden. [90]

Die CO_2-Produktion durch Flüge pro Kopf und Jahr ist beachtlich und doch weltweit sehr unterschiedlich. 2019 waren es in den Vereinigten Arabischen Emiraten 1,95 t in Singapur 1,17 t, in Island 1,07 t, in Finnland 1 t, in Australien 878 kg und in den USA erstaunlicherweise nur 583 kg im Vergleich zu immerhin 711 kg pro Kopf und Jahr in Deutschland. [91]

Der gesamte Anteil des Bereiches Transport an der Gesamtheit aller globalen CO_2-Emissionen beträgt ca. 24 Prozent (2018), davon entfallen 11,6 Prozent (dies entspricht 8 Milliarden Tonnen) auf die Flugindustrie. Die anderen knapp 90 Prozent gehen auf das Konto des Personenstraßenverkehrs (45 Prozent), des Frachtverkehrs auf der Straße (30 Prozent) und des Schiffverkehrs (10 Prozent). Der Bahnverkehr ist in der weltweiten Betrachtung zu vernachlässigen.

> *Unsere Chance:* Eine spürbare Handlungsoption im Bereich der Urlaubsreisen gibt es also nicht, denn die gerade in Deutschland häufig diskutierten Urlaubreisen mit dem Flieger sind viel weniger relevant als die technischen Weiterentwicklungen im Bereich des Straßenverkehrs. Mit dem normalen zu erwartenden technischen Fortschritt lassen sich im Bereich der grundsätzlichen Mobilität im Straßenverkehr sicherlich 12 Prozent der eingesetzten Energie auf fünf Jahre einsparen. Damit könnten wir den Energieeinsatz des gesamten Flugverkehrs »kompensieren«.

Ambitionierter wären Verhaltensänderungen bei uns Menschen durch eine höhere Nutzung von Sharing-Diensten, weil wir damit die Anzahl der Autos und die zurückgelegten Kilometer reduzieren können. Echte technische Weiterentwicklung wie die Umstellung auf Straßenelektromobilität mit gleichzeitiger Deckung der benötigten Stromenergie aus nicht CO_2-belasteten Quellen (Atomstrom oder Grün) haben sogar das Potenzial, 15 Prozent unserer Gesamt-CO_2-Bilanz zu beeinflussen. Zur Erinnerung: Der Bereich Transport macht 24 Prozent unserer Gesamt-CO_2-Bilanz aus. Wenn wir hier 85 Prozent aller PKW und LKW auf saubere Energie umstellen, ermöglicht dies in der Gesamtbilanz eine Reduktion um 15 Prozent.

16.3 Möglichkeiten, aktiv zu werden

Für jeden von uns gibt es in diesem Treibhaus-Armageddon auch Chancen. Diese müssen wir finden. Zahlen und Analysen weisen uns den Weg:

- **Investoren und Anleger** können aus solchen Zahlen Märkte voraussehen, die sich entwickeln werden.
- **Unternehmer** erkennen Potenziale in technischen Innovationen, die sich in entwickelnden Märkten einsetzen lassen.
- **Social Enterprises** und **Social-Business-Unternehmer** sehen Chancen, die sich aus den gesellschaftlichen Veränderungen ergeben werden.
- **Wir Konsumenten** versuchen zu erkennen, welche Produkte uns in unserer persönlichen Lebenssituation einen geringeren ökologischen Fußabdruck ermöglichen und honorieren diese mit unserem Kauf.
- **Wir Wähler** müssen endlich begreifen, dass wir nicht den Rattenfängern hinterherlaufen, die uns Steuerreduktionen und Zuwendungen versprechen oder einfache Lösungen anbieten. Die Aufgaben sind komplex und dauern länger als ein Wahlzyklus. Wir brauchen Politiker, die Wirtschaft und Kreislaufdenke verstehen und genau die müssen wir unterstützen.

Zusammenfassung

Nur wenn wir anfangen, etwas zu tun, haben wir überhaupt eine Chance. Wir wissen nicht, wie schlimm die sowieso schon unumkehrbar eingeleiteten Veränderungen noch werden. Aber durch die Analyse von Zahlen findet man stetig neue Felder für konkretes Handeln. Das Problem, dass drei Milliarden Menschen in Asien, China und Indien beim Kochen und Heizen immer mehr CO_2 erzeugen, ist eine Chance für Innovation und Märkte – auch für uns. Und die Möglichkeiten, in Deutschland etwas zu tun, liegen vor allem in der Veränderung von Essgewohnheiten (Fleischkonsum) sowie der Veränderung unseres Mobilitätsverhaltens (Sharing-Dienste) oder der Veränderung der eingesetzten Mobilitätstechnologien (Elektromobilität). All dies sind damit auch Chancen für Impact-Investoren, Impact-Unternehmer und uns Konsumenten.

17 Wie kann es weitergehen? – Impact X für alle(s)!

Für Ungeduldige: Es geht nicht bloß um Impact Investing und Impact-Unternehmertum. Es geht um einen grundsätzlichen Perspektivwechsel, um eine Haltung zum nachhaltigen Gestalten unserer Zukunft. Verbote funktionieren nicht und setzen weder Innovation noch Leidenschaft frei. Die 17 SDG-Ziele sind unser Leitstern. Jetzt gilt es, diese Ansätze in unsere persönlichen Visionen einzuweben. Drei Szenarien (Bildung, Medizin, Politik) zeigen, was wäre, wenn … und wie die Idee zur Erzeugung konkreter Wirkung (Impact X) auf andere Systeme in unserer Gesellschaft übertragen werden kann.

Unseren Kindern versuchen wir beizubringen, dass sie an die Folgen ihres Handelns denken sollen. Dazu benötigt man eine Vorstellung von seiner Umgebung und Realität, muss also letztlich das System verstehen, in dem man wirkt. Wenn man die Prinzipien in einem System kennt, kann man die Auswirkungen vorhersagen. Gemeint ist das bei der Erziehung unserer Kinder meist in dem Kontext, dass man die negativen Auswirkungen des eigenen Handelns doch bitte vorher bedenken sollte. Genau das haben wir Menschen in Bezug auf unser Ökosystem Erde nicht getan. Wir haben die biblische Aufforderung, uns die Erde untertan zu machen, zu wörtlich interpretiert und das Ökosystem Erde über Gebühr ausgenutzt, ohne an die Folgen in der Zukunft zu denken.

Wenn wir nur früher damit angefangen hätten, an die Folgen unseres Handelns auf unser Ökosystem zu denken und früher Gesetze zum Schutz der Erde erlassen hätten, dann … hätte uns das letztlich nichts gebracht! Denn dieser Ansatz entspringt der Logik, dass man Veränderungen über den Demokratiekreislauf erreichen und mit Ökogesetzen Menschen verändern kann. Diesem Ansatz entspringen auch unsere gut gemeinten ESG-Frameworks. Damit kann man aber nur erreichen, dass wir weniger üble Dinge tun. Verbote führen niemals dazu, dass etwas besser wird, sondern immer nur dazu, dass es weniger schlimm wird. Wir sind mit dem falschen Mindset im falschen Kreislauf unterwegs. Wir brauchen dazu nicht zwingend grüne Politik, sondern aktiv grün und sozial denkende Menschen!

Das erfolgreichste System, welches auf Basis von Wettbewerb die Zukunft gestaltet, ist unser kapitalistisches Wirtschaftssystem. Dieses haben wir bisher einseitig auf »mehr Geld« programmiert. Impact Investing und Impact-Unternehmertum ist nichts anderes als die Neuprogrammierung unseres gesamten Wirtschaftssystems durch die Neuausrichtung an den 17 Nachhaltigkeitszielen der UN. Die wesentliche Voraussetzung dafür ist aber nicht die Änderung am System, sondern es sind die notwendigen Einstellungsänderungen von uns Menschen, bei jedem einzelnen von uns.

In der Wirtschaftslogik sind wir es gewohnt, einen Blick in die Zukunft zu werfen, uns etwas vorzunehmen und es dann über mehrere Jahre umzusetzen. Wir investieren in eine neue Maschine, damit wir ein besonderes Produkt fertigen können. Wir sparen, wir besorgen uns einen Kredit und bauen dann ein Haus als Heimat für unsere Familie. Wir machen uns eine Vorstellung von der Zukunft, haben einen Plan mit Input, Output, Outcome und Impact. Eine beständige Heimat und Rückzugsort für die Familie ist der Impact, den wir erreichen wollen. In einigen Bereichen sind wir es also gewohnt, uns eine Vorstellung von der Zukunft zu machen und diese über einen längeren Zeitraum mit einer klaren Wirkungslogik, mit notwendigen Anpassungen in Regelkreisen zu verfolgen. Das passiert in uns. Das steht nicht in einer Verordnung und wird angeordnet. Eine Eigenheimprämie ist weder der erwünschte Outcome noch der Impact.

Viele von uns suchen nach einer Bestimmung, fragen nach den höheren Zielen, die sie verfolgen sollen oder suchen nach konkreten Aufgaben. Für zu viele Menschen auf der Erde ist die Antwort darauf noch »kein Hunger« oder »Frieden«. Uns in den westlichen Ländern geht es um ein Vielfaches besser, daher muss für uns die Antwort klar sein: Es sind die 17 SDG-Ziele! Eine solche gemeinsame Vision für alle Menschen zu haben, ändert auch für den Einzelnen alles. Sie hilft, die Zukunft und die nächsten Schritte zur Rettung der Welt zu planen. Es geht nicht mehr darum zu leben, um Verbote zu umgehen, sondern als Individuum kreativ und verantwortungsvoll etwas zu gestalten. In diese Gestaltungswelt gilt es unsere Erde und unsere Mitmenschen einzubeziehen. Es geht auch nicht darum, nur noch für andere zu leben. Es ist okay, von einem eigenen Haus als Heimat für die eigene Familie zu träumen oder den Traum wahr zu machen. Aber wir sollten unsere privaten Ziele nicht mehr so egoistisch wie möglich erreichen, indem wir die Auswirkungen bei deren Erreichung auf andere abwälzen. Denn genau das haben wir die letzten Jahre so gemacht. Es waren nicht nur die anonymen Kapitalisten, die Raubbau an der Natur betrieben haben. Es war jeder einzelne von uns, indem er seine Ziele ohne Einbindung der 17 UN-Nachhaltigkeitsziele verfolgt hat. Wenn wir also ab jetzt unsere persönliche Zukunft, unsere Karriere, unsere finanzielle Freiheit gestalten, dann wäre es ein guter erster Schritt, dies unter Einbeziehung unserer Umwelt und der 17 SDG-Ziele zu tun (zur Auffrischung siehe Abbildung 1 in Kapitel 1.3).

Es geht also vor allem um die Veränderung der Perspektive in jedem Einzelnen von uns. Es geht darum zu verstehen, warum wir so dringend handeln müssen und darum, Zukunft gestalten zu wollen und das bedeutet zu investieren. Es geht darum, Wirkung (Impact) nicht mehr mit Output oder Outcome zu verwechseln. Eine Reise, ein neues Auto oder ein neues Handy: Sind sie ein Baustein zu einem impactorientierten Ziel, zu einer erwünschten Wirkung im gemeinschaftlich gedachten Sinne – oder sind sie einfach nur ein inhaltsleeres Ziel? Welches wahre *Warum* und welches Ziel verfolgen wir mit welcher Handlung? Wenn wir es wirklich ernst meinen mit dem Retten unseres Planeten, dann müssen wir diese Fragen ehrlich und selbstkritisch beantworten. Jeden Tag und mit letzter Konsequenz.

Eine Urlaubsreise mit dem Flugzeug kann genauso sinnvoll sein wie der Kauf eines größeren Autos. Es hängt von uns selbst, unseren Zielen und Vorstellungen ab und davon, wie wir neben unseren eigenen Zielen eben auch alle anderen Menschen auf diesem Planeten weiterbringen. Vor uns selbst sollten wir die Wirkungskette klar haben: Wie haben wir die Umwelt und die anderen in unsere Ziele eingebaut? Was ist die konkrete Auswirkung meines Handelns, was sind die positiven, was die negativen Aspekte? Was kann ich tun, damit mehr Positives als Negatives dabei herauskommt? Weniger Freiheit, mehr Wir – darum geht es. Aber nicht auf einer esoterischen Ebene, sondern auf der logisch und mit Zahlen nachvollziehbaren Wirkungsebene. Wir sollten unsere technischen und sozialen Errungenschaften einsetzen und nutzen. Es geht nicht um eine Zurück-auf-die-Bäume-Idee, denn nahezu acht Milliarden Menschen und künftig weit mehr können wir nur mit dem Einsatz von Technik ernähren. Es geht um den Einsatz von Wissenschaft und Logik, die Koordination von vielen Menschen mit denselben Zielen! Und es geht um ein Systemverständnis mit Kreisläufen.

17.1 In Kreisläufen die eigene Rolle finden

Basis von funktionierenden Systemen sind Kreisläufe. Egal ob in Wirtschaft, Politik oder anderen vom Menschen geschaffenen Organisationen, ob als Wähler, Politiker oder Parteimitglied, als Unternehmer, Investor oder Konsument in der Wirtschaft: Übergeordnete Ziele aus dem Bereich der 17 SDG-Ziele warten für jeden von uns in all diesen Kreisläufen und es gibt noch viele mehr.

Unsere Mission zu finden, die unsere persönlichen Ziele und die der anderen Menschen und unserer Umwelt miteinander vereint, ist unsere ureigene Aufgabe als Mensch. Unsere persönlichen Fähigkeiten und Vorstellungen zeigen uns den Weg zu unserer Rolle in dieser Mission.

Egal ob wir als privater Anleger unser erspartes Geld anlegen, als Investor fungieren oder als Unternehmer tätig sind: Wir besitzen das Handwerkszeug, wie wir die genauen Wirkungsketten auf dem IOOI-Pfad untersuchen und beurteilen können. Wir wissen, dass jedes System ein paar Gebote und Verbote benötigt – also ESG-Frameworks für jeden Kreislauf als Benimmregel, damit alle wissen, was als Mindeststandard angesehen wird. Jedes System braucht ein Ökosystem mit Erneuerern, die anderen den Weg zeigen. Jedes System hat sein Erbe, das noch da ist und langsam verschwindet. Und besonders hilfreich ist es, wenn das System eine weitsichtige neue Verfassung erhält, wie es die EU im Wirtschaftssystem mit SFDR getan hat.

Die Impact-Idee können wir in Zukunft auf weitere Systeme anwenden, Impact Investing wird damit zu *Impact X*. In jedem weiteren Impact-X-System sind die Fragestellungen und Prozesse dieselben: Wenn wir handeln, was ist die Auswirkung auf ein konkretes Ziel? Was ist der nachvollziehbare Input, Output, Outcome und Impact? Und zwar gemessen mit echter wissenschaftlicher Evidenz, im koordinierenden Releaseherzschlag eines transparenten, SFDR-konformen Berichtswesens.

17.2   Was wäre, wenn …?

Impact Investing und Impact-Unternehmertum bedeutet, dass sich Investoren und Unternehmer auf den Weg machen, Probleme aus der SDG-17-Welt im Wirtschaftskreislauf zu lösen. Doch wir können die Impact-Idee noch weiter denken. Was wäre, wenn wir die vorgestellte Nachhaltigkeitslogik auf andere Bereiche unseres Lebens übertrügen? Was wäre, wenn wir alle Lebensbereiche von nun an durch die Impact-Brille sehen könnten und damit innovative Veränderungsimpulse für unsere Zukunft in die Wege leiten würden? Was wäre beispielsweise, wenn wir Themen wie Bildung, Gesundheit oder Politik anders bewerten und nicht mehr mit unseren aktuellen, eingeschränkten Sichtweisen wahrnehmen? Eine Welle der positiven Veränderung stünde unserer Gesellschaft bevor.

Impact-Bildung

Was wäre, wenn wir Impact-Bildung einführen? Wenn nicht mehr Output oder vielleicht einmal nur Outcome gezählt wird? Denn was sagt der Notenspiegel einer Klassenarbeit, ein persönlicher Notendurchschnitt oder ein Curriculum über die Bildung unserer Kinder aus? Nichts. Was sagt ein Veröffentlichungsscore über einen Professor aus? Nichts.

Wie müsste Impact-Bildung aussehen? Müssten wir nicht auch den persönlichen Lernfortschritt und die individuelle Veränderung bei jedem Einzelnen messen und kommunizieren? Welche Anreize gibt es für Lehrer, einzelne Kinder individuell zu unterstützen und zu fördern? Ist ein Lehrer mit einer Einser-Klasse ein besserer Lehrer als einer in der Klasse mit einem Dreierschnitt? Was war die konkrete Wirkung des Lehrers auf dieses Ergebnis? Was wollen wir erreichen? Geht es um die Förderung der Möglichkeiten und Kompetenzen des Einzelnen oder geht es um ein veraltetes Konzept der Industrialisierung aus dem letzten Jahrtausend, bei dem die Vermittlung von Fertigkeiten für Körper und Geist ausgereicht hat?

Welche Anreize müssten wir Lehrern geben, damit es ihnen Freude macht, unseren Kindern etwas zu vermitteln? Welche Aufgabe können Unternehmer und Investoren in einer Welt mit Impact-Bildung übernehmen? Wollen wir als Eltern, als Studenten vor allem Notengerechtigkeit im Wettbewerb um einen Platz in der Gesellschaft? Oder wollen wir eine Ausbildung, die persönliche Stärken fördert und zukunftsfähig ist? Die Impact-Idee würde nicht nur das Berufsbild der Lehrer und Schulen von Verwaltern von Unterrichtseinheiten zu persönlichen Unterstützern verändern. Es würde auch unsere Rolle als Eltern und die der Lernenden verändern. Für die Impact-Idee ist eine höhere Eigenverantwortlichkeit erforderlich – inklusive dem Bewusstsein, dass wir die Welt doch noch besser machen können.

Impact-Medizin

Was wäre, wenn wir Impact-Medizin einführen? Denn was sagt die Anzahl von Arztbesuchen oder die Menge verschriebener Medikamente über Gesundheit aus? Nichts. Wir messen zwar die Wirksamkeit von Medikamenten für eine Zulassung in Studien, aber dann verabreichen wir die Medikamente über viele Jahre an Menschen, ohne zu überprüfen, ob sie im konkreten Fall etwas nützen. Wir erfassen keinerlei Daten zum Outcome und Impact von Arztbesuchen. Wir schaffen keinerlei Anreiz bei Ärzten, dass Menschen gesund werden und gesund bleiben. Einzig die Krankenkassen als Kostenträger unternehmen hier etwas, weil sie die Auswirkungen nachher bezahlen müssen. Impact-Medizin müsste klar auf Wirkung bei der Behandlung ansetzen, nicht nur im Präventionsbereich. Was wäre also, wenn wir Impact-Medizin einführen? Wenn wir wüssten, welche Auswirkung eine Behandlung gehabt hat? Klar, jetzt haben wir alle Angst davor, mehr für die Krankenkasse zu bezahlen, wenn wir keinen Sport machen. Aber genau darum geht es nicht. Es geht um die Überprüfung des Ergebnisses jeder einzelnen Behandlung. Darüber hinaus hat ein gesetzlich versicherter Patient kein Gefühl für die entstehenden Aufwendungen einer Behandlung und kann damit selber keine Bewertung des Ergebnisses seiner Behandlung mit den entstandenen Kosten herstellen. Dies ist die Folge unseres Sozialkonzeptes. Wir zahlen für die Gesundheitsleistung nicht direkt, weil wir die Gesundheitsversorgung über das Solidarprinzip aus dem Wirtschaftskreislauf herausgeholt haben, damit allen Bürgern unabhängig vom Einkommen dieselbe qualitativ hochwertige Gesundheitsversorgung zur Verfügung steht. Auch hier können wir uns als Investor, als Unternehmer oder einfach als Mensch die Frage stellen: Welche Rolle und welchen Platz wollen wir in einem Impact-Medizin-System einnehmen?

Impact-Politik

Was wäre, wenn wir Impact-Politik einführen? Denn was sagt die Anzahl von Gesetzesänderungen über die Qualität eines Parlamentes aus? Nichts. Was sagen die Reaktionsgeschwindigkeit eines Politikers auf eine Katastrophe und seine Bilder im Fernsehen über die Kompetenz des Politikers aus? Nichts. Warum ist die Anzahl von Followern bei Twitter oder das Gewinnen eines TV-Duells für Wähler interessanter als Kenntnis und Verständnis der (gemeinsamen) Ziele? Fragen müssten wir doch, was eine Gesetzesänderung wirklich gebracht hat. Konnte das der Gesetzesänderung zugrunde liegende Ziel erreicht werden? Welche unerwünschte Nebenwirkungen gab es? Was waren die erwarteten Veränderungen an Kennzahlen, was war die Realität? Weit interessanter wäre ein Nachweis auf Faktenebene, nicht eine Rede oder Social-Media-Veröffentlichung. Sinnvoll wäre ein standardisiertes Berichtswesen zu Zielen, Maßnahmen und Ergebnissen (IOOI). Das Politiksystem ist heute viel zu stark an die kurzfristige Aufmerksamkeit der Medien und Social-Media-Plattformen gekoppelt. Das verhindert mittel- und langfristiges Handeln. Es gibt keine standardisierten Berichte von Politik über ihr Handeln. Eine Partei, ein Politiker und eine Regierung können sich die Art und den Inhalt ihrer Botschaften selbst aussuchen. Eine Aussprache im Parlament ist gut, aber zu wenig. Es hat keinerlei Konsequenzen, wenn Politik Wirkung nicht erzielt. Auch hier wird jeder von uns sich die Frage stellen müssen, ob wir für diese neue Art von Impact-Politik bereit sind: einer Politik weiter entfernt von tagesaktueller Aufmerksamkeit, einer Politik mit mehr Nachweis über Wirksamkeit von eingeleiteten Maßnahmen, einer, in der uns Politiker weniger gefallen müssen und sich mehr auf inhaltliche Arbeit konzentrieren können.

Die Impact-Idee lässt sich in viele Bereiche unserer Gesellschaft übertragen. Mit mehr Verständnis für die Systematik der wissenschaftlich fundierten Wirksamkeitsmessung, der Kreislaufdenke und der Wichtigkeit von standardisierten Wirksamkeitsberichten als Protokoll- und Kommunikationselement können wir Impact X als Idee in viele neue Systeme hereintragen. Es ist an uns, die 17 UN-Nachhaltigkeitsziele als inklusives Element in unsere persönlichen Visionen und Ziele einzubauen. So können wir in vielen Bereichen wieder lernen, aktiv in unsere Zukunft zu investieren und nicht mehr auf ihre Kosten zu leben.

18   Zusammenfassung

Bei unserem heutigen Handeln müssen wir an die Auswirkungen auf unser Morgen denken. Es geht nicht mehr darum, mit unserem Handeln möglichst wenig Schaden in der Zukunft anzurichten. Das haben wir zu lange nicht getan. Jetzt ist der Zeitpunkt, wieder zu investieren. Wir müssen heute die richtigen Dinge richtig tun, damit wir wieder einen positiven Ertrag für unsere Öko- und Sozialsysteme haben.

Das Thema Treibhausgas- und CO_2-Reduktion steht aufgrund seiner massiven Auswirkungen auf uns alle häufig im Mittelpunkt der Diskussion. Parallel dazu gibt es 16 weitere, ebenso wichtige Ziele. Bereits 2016 hat die UN 17 Nachhaltigkeitsziele veröffentlicht und die Bundesregierung hat diese in unsere Agenda 2030 übernommen. Sie alle sind für ein langfristiges, fried- und würdevolles Miteinander auf unserem Planeten unerlässlich.

Bisher schauen wir Bürger in den meisten Ländern auf Staatslenker und Politiker und erwarten Lösungen. Schon Kapitel 1 zeigte, warum unser Staatskreislauf aus Politik, Wissenschaft, Medien und uns Wählern nicht geeignet ist, solche Lösungen zu schaffen. Verbote, Konsumanreize sowie Fördermittel sind nicht der richtige Ansatz, um Innovationskreisläufe zu entwickeln und in die richtige Richtung zu lenken. Immer neue Interventionen des Staates, die auf vordergründige Steigerung der Gerechtigkeit abzielen, schaffen keine neuen Anreize und kohärenten Handlungsströme.

Kapitel 2 richtete den Blick auf den Wirtschaftskreislauf aus Investoren, Anlegern, Unternehmern und Konsumenten und zeigte auf, wieviel Potenzial zur aktiven Umsetzung von Innovationen in diesem System schlummert. Wirtschaft ist die – von den meisten – nicht gesehene (und zu Unrecht verschmähte) Basis für Gesellschaft, ein Ermöglicher. Wirtschaftskreisläufe bieten die Chance zur Gestaltung und ermöglichen die Einführung und Umsetzung von Innovation sowie positiver Veränderung über Konsumveränderung. Kapital verschafft Unternehmen und Unternehmern den notwendigen Handlungsspielraum zur Gestaltung, indem Investitionen in Maschinen, Gebäude oder Ideen getätigt werden können.

Die Idee von Impact Investing und Impact-Unternehmertum ist, die Verfolgung der SDG 17 Ziele in den Wirtschaftskreislauf einzufügen (siehe Kapitel 3). Die Grundthese von Impact Investing besteht darin, dass ein Unternehmen sich als fest verankertes Ziel die Verbesserung eines oder mehrerer Parameter aus dem Bereich ESG und Nachhaltigkeit vornimmt sowie umsetzt. Das Unternehmen erhält damit neben dem Selbstzweck des Geldverdienens zusätzlich einen sinnstiftenden Existenzgrund durch die konkrete Verbesserung eines ESG- oder Nachhaltigkeitsaspektes. Die Ziele müssen neben einer umfassenden Vision auch konkrete, messbare Veränderungen in

Form von Kennzahlen beinhalten. Wesentlich ist der öffentliche Kommunikationsprozess, bei dem der konkrete Outcome und Impact vorher festgelegt und dann über die Zeit gemessen und veröffentlicht wird. So kann ein proaktiver Verbesserungskreislauf entstehen.

Shared Value ist ein ähnlicher Ansatz, vor allem für reifere und größere Unternehmen, um Nachhaltigkeitsziele in die Unternehmenssteuerung einzufügen. Bei diesem gibt es aber keine strikte SDG-Orientierung, keinen öffentlichen Kommunikationsprozess und auch keinen Wirkungsnachweis bis auf die Impact-Ebene. IOOI ist die konsequenteste Methode, um Impact – also die konkrete Auswirkung von Aktivitäten über die Kette Input, Output, Outcome und Impact – Schritt für Schritt mit Zahlen untermauert nachzuweisen.

Impact-Unternehmertum und Impact Entrepreneurship fügen sich in aktuelle Leadership-Konzepte ein. Da die Stakeholder – Mitarbeiter, Investoren, Kunden – und auch die Belange unserer Umwelt aktiv einbezogen werden, empfehlen sich Netzwerkorganisationen und ein kooperativer Führungsstil für Impact-Unternehmen (siehe Kapitel 4). Unternehmer haben in der Impact-Welt die Wahl, ihren Fokus auch an der Größe ihrer Vision für den Impact-Bereich auszurichten (globaler oder lokaler Impact). Die Ausrichtung des Unternehmens in Bezug auf die Dimension der Gewinnerzielungsabsicht bestimmt die Unternehmensform (zum Beispiel Kapitalgesellschaft oder Sozialunternehmen) und auch die Ausrichtung des Gründers (Impact-Unternehmer oder eher Social Entrepreneur). Von dieser wesentlichen Prägung des Unternehmens durch den Unternehmer hängen nach der Gründung auch die Möglichkeiten der Kapitalbeschaffung ab. Impact-Unternehmer können bei schnell wachsenden Unternehmen auf Impact VCs zurückgreifen, Social Entrepreneure sind bei der Finanzierung ihrer Vorhaben eher auf Bankkredite oder Unterstützung durch Stiftungen angewiesen.

Neue Organisationsformen aus der agilen Welt wie Scrum ordnen eine Organisation über die zeitliche Dimension (Releasezyklus), feste Protokolle (Rituale) und ein ausgefeiltes Rollenmodell. Zeit wird damit in einer immer komplexeren Welt zum Ordnungskriterium, welches Hierarchien ablöst und über Protokolle in Organisationen implementiert wird. Um die dadurch entstehenden Kreisläufe zu organisieren, eignen sich Methoden wie OKR, um Ziele und Ergebnisse sichtbar zu machen (siehe Kapitel 5). Unsere Demokratie und unser kapitalistisches Wirtschaftssystem sind bereits als Kreislaufsysteme angelegt. Das Wirtschaftssystem besteht aus einem Wertekreislauf aus Investoren, Anlegern und Unternehmen sowie einem Marktkreislauf mit Unternehmen, Konsumenten, Mitarbeitern und den verschiedenen Produktionsmitteln. Weil die Impact-Ziele in den inneren Marktkreislauf eingebunden sind, beeinflussen sie auch den Wert der Unternehmen.

Charity- und Wohlfahrtsorganisationen, wie wir sie heute kennen, können nur schwer in Kreisläufen organisiert werden, weil ihre Produkte und Leistungen nicht von Kunden gekauft, sondern kostenlos bereitgestellt werden. Die Akquisition von Geldmitteln zur Deckung der Kosten erfolgt über einen davon getrennten Strang ohne Kopplung. Dies macht solche Organisationen anfällig für dysfunktionale Ausprägungen. Bisherige Versuche, Charity-Organisationen über Konzepte wie Sozialrendite oder Blended Value an Wirtschaftskreisläufe anzubinden, waren nicht erfolgreich (siehe Kapitel 6). ESG-Frameworks können für For-Profit-Unternehmen ebenso wie für Non-Profit-Unternehmen eingesetzt werden, um Mindeststandards für eine soziale und ökologische Führung von Organisationen im Alltag umzusetzen.

Während Non-Profit-Organisationen kein Interesse an der Wertentwicklung der Organisation selbst haben, erwartet der Unternehmensinvestor eine Rendite und auch eine Wertsteigerung. Denn der Wert eines Unternehmens entsteht als Erwartung auf einen zukünftigen Ertrag (Kapitel 7) und wird über Kommunikationsprozesse, in Märkten über Transaktionen geschaffen und vernichtet. Die Erwartung auf den zukünftigen Ertrag eines Impact-Unternehmens wird durch den in der Impact-Logik vorgesehenen Kommunikationsprozess über Nachhaltigkeitsziele und das Überwachen der Erfüllung dieser Ziele gestaltet und beeinflusst. Dies ist der Schlüssel, wie über Impact Investing und die begleitende aktive Kommunikation ein Mehrwert erzeugt werden kann. Durch die einheitliche Kommunikation an Konsumenten, Investoren und Mitarbeiter können Impact-Unternehmen eine höhere Wertentwicklung erwarten als Nicht-Impact-Unternehmen.

Unsere Politik ist es gewohnt, auf Wünsche des Volkes mit neuen Interventionen, sprich Regeln, zu antworten, also Verbote oder Anreize. Viele schnelle Interventionen bringen Kreisläufe und Gleichgewichte allerdings eher durcheinander und schaden ihnen. Wir sollten lernen, unsere eigenen Rechte und individuellen Ansprüche zu zügeln. Wenn wir zuerst an die Gemeinschaft denken und uns die Frage stellen, was eine potenziell neue Regel (Gesetzesvorschlag), die mir nützt, für negative Auswirkungen auf die Gemeinschaft haben könnte, dann lernen wir vielleicht, uns ein wenig mehr zurückzunehmen (siehe Kapitel 8). Dazu ist es sinnvoll, ein Verständnis der uns umgebenden Kreislaufsysteme zu entwickeln und sich selbst, seine Familie und sein Umfeld als Teil von mehreren solcher Kreisläufe zu begreifen.

Dieser Kreislaufgedanke kann auch auf von Unternehmen hergestellte Produkte angewendet werden. So kann für ein Produkt eine Gesamtbilanz über die verschiedenen Lebensphasen aufgestellt werden. Ein gängiges Verfahren ist das Life Cycle Assessment (LCA). Weil Lieferanten für Vorprodukte heute üblicherweise noch nicht alle Ökobilanzinformationen vorlegen können, kommen derzeit viele der Daten aus zentralen Datenbanken. LCA ist die konsequente Weiterentwicklung der ESG-Logik und daher zu begrüßen.

Mit Wirkungskrediten (Social Impact Bonds) wurden in den letzten Jahren vor allem Risiken von Sozialprojekten finanziert. Mit dieser Idee können Social Entrepreneure

Innovationen entwickeln mit dem Ziel, einen sozialen Impact zu erzielen. Die Finanzierung des Vorhabens erfolgt zunächst über den Wirkungskredit. Können die konkreten Impact-Kennzahlen des Projektes erreicht werden, dann übernimmt der bisherige Risikoträger (meist der Staat) das innovative Verfahren. Scheitert das Vorhaben, weil die gewünschte Veränderung nicht eintritt, dann tragen die Spender, die den Wirkungskredit bereitgestellt haben, das Risiko, indem sie den Verlust ihrer Spende akzeptieren (siehe Kapitel 9).

Diese Idee könnte in Zukunft auch auf weite Teile der 17 Nachhaltigkeitsziele angewendet werden. Als Projektträger und auch als Risikoträger können Charity, Philanthropie-Organisationen und Stiftungen eintreten. Diese Organisationen können damit in Zukunft in einer Impact-Ökonomie neue Aufgaben erhalten und neue Positionen besetzen. In der Idee des Wirkungskredites, der Übertragung auf alle 17 SDG-Ziele und einem neuen Rollenverständnis von Non-Profit-Organisationen liegt ein enormes Potenzial, in Zukunft Innovationen besser zu nutzen sowie die besten Köpfe für die Veränderung unserer Welt in Richtung Nachhaltigkeit zu gewinnen.

ESG-Frameworks sind eine geeignete Methode, um Mindeststandards für das gesamte ESG-Umfeld zu etablieren. Da solche Konzepte, wie auch andere Governance-Systeme, durch Ausfüllen unendlich langer Listen und Kriterienkataloge entstehen, kann man halbwegs sicher schwarze Schafe identifizieren. Wir nennen diese die störrischen Esel, weil sie die Zeichen der Zeit nicht erkannt haben und sich nicht aktiv in Richtung Impact-Unternehmertum bewegen (siehe Kapitel 10). Eine echte, positive Bestätigung, dass ein Unternehmen wirklich nachhaltig unterwegs ist, ist mit den bekannten Methoden (SRS, GRI, UN PRI, IMP) nicht möglich, da es sich logisch um Blocklisting-Konzepte handelt (Do No Harm). Die verschiedenen Frameworks sind in den Dimensionen »Impact-Ausrichtung« und »Eignung für Non-Profit/For-Profit-Organisationen« sehr unterschiedlich positioniert. Klare Impact- und Finanzfokussierung hat IOOI als Nachweismethode für Impact. Allerdings ist IOOI kein im Alltag nach Anleitung nutzbares Framework, sondern eine Vorgehensweise. SRS und GRI sind eher für Non-Profit-Organisationen geeignet, SRS hat den stärken Impact-Fokus. UN PRI, IMP und B Corp versuchen, For-Profit- und Non-Profit-Organisationen abzudecken, B Corp hat dabei die stärkste Fokussierung auf den Impact-Nachweis.

Einen Allowlisting-Ansatz, mit dem nachhaltig agierende Unternehmen aktiv identifiziert werden können, hat die EU mit der Offenlegungsverordnung SFDR vorgestellt. Wesentlich an diesem Ansatz ist, dass er von den Marktteilnehmern (Finanzunternehmen, Investoren, Anlegern und Unternehmern) ein Protokoll einfordert, also einen nach Vorgaben der EU genormten Kommunikationsaustausch, der im Hinblick auf die Sender, Empfänger, Zeit und Inhalte standardisiert ist (Kapitel 11). Der EU ist damit im Jahre 2021 ein großer Wurf gelungen, um Impact Investing und Impact-Unternehmertum voranzutreiben.

Über die ESG-Mindeststandards werden Unternehmen, die diesen Anforderungen nicht genügen, aussortiert (Blocklisting-Ansatz für Artikel-6-Unternehmen). Für Anleger wesentlich ist, dass Unternehmen, die nicht in diese Kategorie fallen (light green), nicht automatisch ein positiver Einfluss zugeordnet werden kann. »Nicht schlecht« bedeutet eben nicht »gut«, »ESG-konform« bedeutet noch nicht »nachhaltig«. Dies ist für Anleger und Investoren wichtig, denn letztlich bedeutet eine ESG-Konformität lediglich weniger Risiken aus den Bereichen Soziales, Ökologie und Unternehmensführung als bei nicht ESG-konformen Unternehmen. Bei der EU-Offenlegungsverordnung fallen die Unternehmen, die lediglich ESG-konform sind, in die Klasse der Artikel-8-Unternehmen.

Für eine Eingruppierung nach Artikel 9 SFDR müssen Unternehmen nachweisen, dass sie die UN-Nachhaltigkeitsziele positiv beeinflussen. Die Verantwortung trägt sowohl das Unternehmen als auch der Anbieter von Finanzprodukten, der die Beteiligung in solche Unternehmen in Form von ETF, Versicherungen oder Fonds bündelt.

Ein wesentlicher Unterschied von Impact-Unternehmertum zu den bisherigen ESG-Nachhaltigkeitsorientierungen ist der Nachweis einer Wirkung, also der Impact. Hierfür gibt es mit IOOI eine Methode, die jedoch sehr generisch ist. Parallel dazu gibt es mit IRIS+ und B Corp Versuche, den Nachweis der Wirkung über die Vereinheitlichung von Output-Katalogen zu standardisieren (siehe Kapitel 12). Während die IOOI-Methode von den Unternehmen eigenständig und individuell angewendet werden kann und muss, bietet B Corp ein Assessment-Verfahren, welches den Unternehmen in standardisierter Form eine Einordnung des eigenen Impacts ermöglicht. Ergebnis von B Corp ist eine einzige Zahl, der B Corp-Score. Dieses Vorgehen bietet Verbrauchern, Konsumenten, Investoren und privaten Anlegern augenscheinlich eine einfache Vergleichsmöglichkeit von Unternehmen. Aufgrund der hohen Komplexität ist es aber fraglich, ob Impact-Unternehmen sich auf eine solche, von einem Wirtschaftsunternehmen herausgegebene Methodik verlassen sollten.

Für alle Gründer, Unternehmer und Social Entrepreneure, die sich auf den Weg machen wollen, gibt es bereits eine Reihe von Anlaufstellen und Informationsquellen. Einige davon werden bei den Starthilfen in Kapitel 19 für Schnellleser noch einmal aufgeführt. Eine Aufstellung deutscher und europäischer Impact VC-Fonds mit ergänzenden Informationen ist in Kapitel 13 zu finden.

Die EU-Offenlegungsverordnung bedeutet für alle Unternehmer in Zukunft, dass sie sich mit den Nachhaltigkeitszielen auseinandersetzen müssen. Impact-Unternehmer haben die besondere Chance, ihre Gedanken und Konzepte ihren Kunden und auch potenziellen Investoren vorzustellen. Im VC-Investmentprozess wird eine ESG- und Impact-Due-Diligence-Prüfung in Zukunft zum Standard gehören. Eine Reihe von VC-Investoren haben light green in den letzten Jahren schon zu ihrem neuen Mindeststandard gemacht. Die grundsätzliche Frage, ob man als Unternehmer tatsächlich eine VC-Finanzierung benötigt, also eine Finanzierung mit der Absicht, massives Wachstum zu erzeugen, sollte man sich gut und am besten direkt am Anfang seines Vorhabens überlegen.

Charity-Organisationen sind häufig nicht optimal aufgestellt, um SDG 17 Ziele zu unterstützen. Dies liegt an ihrer Geschichte und Herkunft. Einen Überblick über die verschiedenen Organisationsformen im Non-Profit-Bereich mit Beispielen gibt es in Kapitel 14. Für Innovatoren und Gründer ergibt sich damit ein deutlich breiteres Spektrum an Möglichkeiten als noch vor einigen Jahren. War man früher als innovationsliebender Veränderer nahezu darauf beschränkt, ein Start-up zu gründen und daher in der For-Profit-Welt unterwegs zu sein, so gibt es heute weitere Möglichkeiten auch in der Non-Profit-Welt. Neue Formen für Social Entrepreneure sind Social-Enterprise- und Social-Business-Organisationen, die keine primäre Gewinnerzielungsabsicht haben, aber dennoch anders als Charity-Organisationen ihre Produkte und Leistungen gegen Geld an Kunden verkaufen. Die bisherige Non-Profit-Welt hat damit die Chance, sich deutlich zu verändern und neue Organisationsmodelle für Innovatoren bereitzustellen, die eine klare Ausrichtung an den SDG 17 Zielen anstreben und unsere Welt nachweislich – also mit Impact-Logik – besser machen wollen.

Wer sich konkret auf den Impact-Weg macht, der sollte bekannte Fehler und unnötige Risiken vermeiden. Dabei sind Greenwashing und Impactwashing ein wesentliches Thema (siehe Kapitel 15). Die wichtigste Waffe in diesem Kampf ist die persönliche Haltung der Investoren, Unternehmer und Mitarbeiter. Am Beispiel von *Apple* zeigt sich, was für ein Produktionsunternehmen heute tatsächlich machbar ist – ein gutes Beispiel, das auch zeigt, dass Impact nicht immer das Ziel sein darf. Man sollte realistisch bleiben und immer und überall sauber zwischen Artikel-8-Unternehmen (light green) und Artikel-9-Unternehmen (dark green) gemäß EU-Offenlegungsverordnung unterscheiden. Im Kampf um ein möglichst positives Image sollte versucht werden, die Komplexität zu reduzieren, denn die Welt zu retten ist ein Marathon, bei dem wir nicht über die eigenen Beine stolpern sollten.

Ein Blick auf unsere Realität ist absolut hilfreich, um einen Startpunkt zu finden (Kapitel 16). Was können wir hier in Deutschland bewegen, welche Herausforderungen können wir nur auf europäischer Ebene lösen? Chancen gibt es zuhauf. Ein Blick in die aktuellen Zahlen des SDG Trackers[92] hilft zu verstehen, dass der größte Hebel in der Umstellung der Energienutzung von drei Milliarden Menschen in Indien, China und Asien bei ihren Koch- und Wohngewohnheiten liegt. Wer Impact will, schaut eben nicht nur nach dem nächsten Markt, sondern parallel auch nach dem größtmöglichen Wirkungshebel. Und davon gibt es genug, wenn wir mit der Impact-Brille auf unsere Welt schauen!

Durch die Augen von Impact-Investoren und Impact-Unternehmern auf die Welt zu blicken, eröffnet uns bereits jede Menge neue Chancen und Möglichkeiten. Mit einem Perspektivwechsel zeigen sich weitere Impact-Dimensionen. Was wäre, wenn wir die heutige Welt der limitierten Gestaltung über Verbote hinter uns lassen würden und beginnen, auch weitere Systeme mit der Impact-Logik zu organisieren (siehe Kapitel 17)? Wenn wir uns auf eine Impact-Medizin-Welt einlassen, in der Patienten auf Ärzte treffen, deren Mission es ist, einen Patienten nachweislich gesünder zu machen, weil wir dies mit Kennzahlen und konkreten Nachweisketten überprüfen und nachvollziehen. Impact X bedeutet, die Kreislaufdenke mit einer Wirksamkeitsüberprüfung auf weitere Systeme wie Bildung und Politik zu übertragen. Es werden sich sicherlich weitere Bereiche finden, auf die wir die Impact-Idee in Zukunft übertragen können. Und uns selbst gelingt der Perspektivwechsel im Kleinen, wenn wir uns die 17 SDG-Ziele tatsächlich vornehmen und jeder für sich konkret überprüft, wie wir mit Änderungen unseres Verhaltens eine konkrete Wirkung erzielen können. So investieren wir gemeinsam in eine bessere Zukunft.

19 Starthilfen – Leitfragen – Impulse

Um es in einem Satz zusammenzufassen: Bei der Impact-Idee geht es darum, durch nachhaltige Investitionen die Zukunft zu gestalten. Ich weiß, ich weiß: Das klingt gut, aber wie soll das funktionieren? Nun, zu Beginn sollte jeder Impact-Begeisterte einen Blick auf die folgenden drei Bereiche werfen:

- Jeder Mensch sollte die 17 Nachhaltigkeitsziele der UN kennen. Nur wenn man ein klares Ziel vor Augen hat, kann man sein Handeln daran ausrichten – und die UN-Ziele sind ein ausgezeichneter Startpunkt. Das Original der UN ist hier zu finden: https://17ziele.de/.
- Jeder Mensch sollte ebenfalls den aktuellen Status unseres Planten kennen – und zwar faktenbasiert, in Form von Zahlen. Das mag öde klingen, aber wenn wir seriös und effizient handeln möchten, müssen wir da durch. Und so langweilig ist es auch wieder nicht. Hierzu gibt es eine fantastische Zahlensammlung auf https://sdg-tracker.org/. Damit lässt sich der Grad der Zielerreichung konkret begreifen. Es ist wichtig, mit den Zahlen zu spielen und sich in interaktiver Form damit zu beschäftigen.
- Jeder Mensch sollte wissen, wie es in den deutschen Städten und Kommunen aussieht. Antworten und Anregungen gibt es auf der Webseite https://sdg-portal.de. Hier kann man Impact-Projekte finden, die von den Städten schon auf den Weg gebracht wurden und Schwerpunkte von Regionen erkennen. Ebenfalls stehen Daten auf Ebene der Städte und Kommunen zu einer Reihe von Kennzahlen zur Verfügung, zum Beispiel Kinderarmut oder Stickstoffüberschuss in der Landwirtschaft. Auf Basis dieser Kennzahlen kann man Städte miteinander vergleichen. Ein tolles Format für einen lokalen Blick auf unsere Heimat.

Auch wenn die Lage ernst ist: Wir sollten die Chancen suchen und handeln. Genau das möchte ich mit diesem Buch erreichen. Ich will einen Impuls setzen und möglichst viele Menschen aktivieren, in ihrem jeweiligen Umfeld und mit ihren Möglichkeiten die Zukunft zu gestalten. Entweder für sich alleine oder mit mir und anderen zusammen in einer starken Impact Community. Ich weiß, dass es am Anfang schwierig und verwirrend sein kann. Aber ich glaube daran, dass sich genug kluge und fleißige Menschen finden lassen, um unseren Planeten zu retten.

Ich selbst habe den Entschluss gefasst, etwas zu tun. So habe ich in meinen verschiedenen Rollen als Mensch die Impact-Idee in mein Leben geholt – und zwar als Impact-Investor, Impact-Unternehmer und als privater Impact-Bürger. Als Partner einer Investmentgesellschaft finanziere ich Start-ups und junge Gründer, die sich der Impact-Idee verschrieben haben. Als Impact-Unternehmer baue ich neue, zukunftsfähige Geschäftsmodelle auf und versuche so, einen Beitrag zu einer besseren Welt zu leisten. Im Privaten versuche ich, weniger Fleisch zu essen, schränke meine Reisen ein und hinterfrage meine Konsumentscheidungen. Außerdem lebe ich meinen Kindern vor, was es bedeutet, verantwortungsvoll zu handeln. Allein das ist schon ein großer Punkt auf meiner täglichen To-do-Liste – aber er bringt auch eine Menge Freude.

Meine Erfahrungen möchte ich an dieser Stelle mit allen Impact-Begeisterten teilen. Darum habe ich einige Leitfragen in Form einer Checkliste erstellt. Die Zusammenstellung kann als Starthilfe für mehr Impact im Alltag von Investoren, Unternehmern und Bürgern (Konsumenten, private Anleger usw.) angesehen werden. Wer sein Leben nachhaltig ausrichten und für eine bessere Zukunft arbeiten möchte, muss irgendwo beginnen. Und dazu reicht schon ein einziger kleiner Schritt. Es wäre mir eine große Freude, wenn wir – du und ich – diesen Weg zusammen beschreiten und bei diesem Abenteuer Gefährten wären.

19.1   Was können professionelle Investoren tun?

- Situation: Du bist professioneller Investor oder arbeitest in einer Organisation, wie einer Bank, Versicherung, Stiftung oder in der VC- und PE-Industrie.
    - Haben Kunden, Kollegen oder Wettbewerber dich schon einmal auf das Thema angesprochen?
    - Weißt du, wie deine Organisation zu dem Thema »Impact« steht und wie sie sich positioniert hat?
- Eigene Position bestimmen
    - Weißt du schon, wo du stehst und was du willst?
    - Denkst du daran, Impact in deiner aktuellen Organisation einzuführen oder weiterzuentwickeln?
    - Oder hast du Überlegungen, deine jetzige Rolle aufzugeben und etwas Neues zu beginnen?
- Umfeld ordnen
    - Hast du Experten im Umfeld oder musst du dir ein neues Netzwerk aufbauen?
    - Kennst du das Impact-Ökosystem in deiner Stadt?
    - Kennst du das Impact-Ökosystem in deiner Branche?
- Kontakt zu Gründern, Social Entrepreneuren, Machern herstellen
    - Hast du eine Vorstellung, wie Impact-Gründer heute ticken?
    - Wo kannst du mit solchen Gründern in Kontakt kommen?
- Neue Pfade gehen
    - Kennst du Social-Enterprise- und Social-Business-Organisationen?
    - Hast du darüber nachgedacht, solche Organisationen in deine Portfolios aufzunehmen (sie bringen keinen finanziellen Return, können wie Spenden behandelt werden und bringen dennoch einen Impact Return!)?

- SFDR kennenlernen und verstehen
    - Erfüllt deine Organisation bereits die Transparenzanforderungen?
    - Wo siehst du deine Organisation in zwei Jahren in Bezug auf Nachhaltigkeit, was unternimmt deine Organisation?
    - Was sind mögliche Auswirkungen von SFDR auf deine Organisation (Chancen/Risiken)?
    - Was sind mögliche Auswirkungen von SFDR auf deinen Arbeitsplatz, deine Position?
    - Was sind die Chancen, was die Risiken für deine Position?
- Hat deine Organisation bereits alle Prozesse zur Erfüllung von SFDR implementiert?
    - Erfüllt deine Organisation bereits die Transparenzanforderungen im Rahmen der Investitionsentscheidungen und kennst du die negativen Auswirkungen auf Nachhaltigkeitsfaktoren?
    - Ist das Vergütungssystem in eurer Organisation bereits angepasst, um den Transparenzanforderungen der ESG-Richtlinien zu genügen?
    - Verfügt deine Organisation bereits über ein Reporting zu ESG-Tools (2021) und die Auswirkungen auf Investitionen?
    - Hat deine Organisation bereits ein Reporting zum negativen ESG-Impact deiner Investments?
- SDG-17-Abgleich des vorhandenen oder des Zielportfolios
    - Hast du die SDG 17 Ziele in Bezug auf die Invest-Schwerpunkte deiner Organisation und die zukünftigen Märkte überprüft?
    - Hast du dir eine persönliche Vorstellung von der Entwicklung der Zahlen in Bezug auf die SDG gemacht und selber analysiert? Prüfe die Märkte (mit Zahlen).
- Hat deine Organisation Prozesse und Systeme etabliert, um Outcome und Impact zu tracken?
    - Wie häufig bespricht deine Organisation Ziele, Ergebnisse und Abweichungen mit den Portfoliounternehmen?
- Hast du dir Gedanken zu Greenwashing und Impactwashing gemacht?
    - Was ist die Position deiner Organisation?
    - Wie ist deine Haltung?
    - Wie sehen deine Maßnahmen aus, um Impactwashing aktiv zu verhindern?
    - Hat deine Organisation eine Washing-Governance?
    - Unterscheidest du im Sprachgebrauch immer sauber und klar zwischen Light-green- und Dark-green-Unternehmen?
- Hat sich deine Organisation schon auf die Impact-Welt angepasst?
    - Gibt es ein Impact-Controllingteam?
    - Gibt es ein Impact-Kommunikationsteam (PR)?
    - Wie begleitest du Impact-Gründer bei der Entwicklung?
- Für VC-Fonds: Hast du dich mit speziellen Themen für zukünftige Fonds beschäftigt?

19.2   Was können Macher und Unternehmer tun?

- Situation: Du bist Macher, also Gründer, Unternehmer, Social Entrepreneur oder Manager in einem Wirtschaftsunternehmen oder Manager und Entscheider in einem Sozialunternehmen, einer Wohltätigkeitsorganisationen oder NGO.
  - Verspürst du aktives Interesse, die Welt ein wenig besser machen?
  - Was sagt dein Umfeld dazu? Auf wessen Unterstützung kannst du hoffen? Wer könnte sich ebenfalls für die Impact-Idee begeistern lassen?
- Position bestimmen
  - Weißt du schon, wo du stehst und was du willst?
  - Gehen die Gedanken eher in Richtung Social Entrepreneur oder klare Gewinn-erzielungsabsicht?
- Umfeld ordnen
  - Hast du Gleichgesinnte in deinem Umfeld oder musst du dir ein neues Netz-werk aufbauen?
  - Kennst du das Impact-Ökosystem in deiner Stadt?
  - Kennst du das Impact-Ökosystem in deiner Branche/Industrie?
- Wo soll es hingehen?
  - Hast du schon eine Idee, was du bewegen willst?
  - Willst du eine neue Organisation aufbauen, also gründen?
  - Oder willst du als Unternehmer dein Unternehmen neu ausrichten?
- Wo gibt es noch Anregungen und Ideen?
  - Schaue dir Studien und auch Märkte an (mit Zahlen). Der SDG Tracker https://sdg-tracker.org ist dafür ein guter Einstieg.
  - Auf https://www.sustainability-play-books.com können Start-ups und auch andere VC-Fonds einen Einblick in die chancenorientierte Denkweise für ein zukunftsfähiges Impact-Unternehmertum gewinnen.
  - Die Impact Factory stellt mehrere Lösungen vor: https://impact-factory.de.
  - Diversity VC fokussiert sich auf den Ausschnitt Diversität mit dem Ziel, die VC-Industrie mit einem anspruchsvollen Diversity-Framework weiterzuentwi-ckeln: https://www.diversity.vc.
- Welcher Organisationstyp passt zu deinen Vorgaben?
  - Möchtest du ein Impact-Unternehmen mit Gewinnerzielungsabsicht gründen?
  - Passt ein Social Business oder Social Enterprise, bei denen die Erzielung von Gewinnen weniger im Mittelpunkt steht, besser zu dir?
- Bestandsunternehmen: Gibt es Freiräume für Mitarbeiter?
  - Hast du Freiräume für neue Produkte und Services geschaffen?
- Gründer: Brauchst du wirklich eine externe Finanzierung über einen VC?
  - Also die Sinnfrage: Hast du ein Business für Raketentreibstoff?
  - Hast du schon eine Vorstellung, welche Organisationsform zu deinem Vorha-ben passt?
  - Kennst du Impact VCs, die zu deinem Vorhaben passen?

- Wenn dein Vorhaben schon sehr konkret ist – der Impact-Check:
  - Damit du durch die Impact Due Diligence kommst:
    a) Kannst du mit deinem Vorhaben eine Impact-Absicht nachweisen?
    b) Kann das Produkt oder der Service einen nachweisbaren KPI-basierten Impact erzielen?
  - Hat das Produkt oder der Service eine skalierbare Auswirkung über seine Impact KPI?
  - ESG Due Diligence:
    a) Kannst du mit deiner Organisation die ESG-Standards erfüllen (also in Bezug auf Umwelt, Soziales und Governance-Struktur)?
  - Hast du eine Idee, wie du ein Impact Monitoring aufsetzen kannst?
    a) Überwachung der Impact KPIs (Plan gegen Ist)
    b) Sicherstellung, dass die Organisation die Regelkreisläufe zur Überwachung und Steuerung der Impact-Logiken in Prozessen etabliert hat und lebt

19.3 Was können wir Konsumenten und private Anleger tun?

- Situation: Wir alle sind Bürger in unseren Rollen als Konsumenten, private Anleger oder Wähler. Wie können wir die Welt wieder ein wenig besser machen? Fühlst du dich (nicht auch) berufen, einen Beitrag zu leisten? Finde heraus, welchen – und starte!
  - Bei welchen Gelegenheiten, in welcher Situation ist da, dieses Gefühl, etwas verbessern zu wollen?
  - Was sagen Freunde und Bekannte dazu?
- Position bestimmen
  - In welcher Rolle willst du etwas bewegen? Als Anleger, Konsument, Bürger?
  - Willst du aktiv sein und ein Thema nach vorne bringen oder dich in deinem Verhalten künftig an den Nachhaltigkeitszielen orientieren?
- Umfeld ordnen
  - Was sagt dein Umfeld zu deinem Gefühl, etwas verändern zu wollen?
  - Was machst du in deinem Umfeld, wenn du Gegenwind spürst?
  - Brauchst du Gleichgesinnte zum Austausch?
- Rolle bestimmen
  - Als Transformationshelfer kannst du andere Organisationen bei ihrem Wandel unterstützen.
  - In eigentlich jedem Beruf gibt es eine Schnittmenge zur Impact-Welt – finde sie heraus.
  - Du fühlst dich nicht als Unternehmer oder Gründer. Aber du kannst dir vorstellen, ein Impact-Thema im Verein oder Beruf nach vorne zu bringen.
  - Bist du vielleicht doch der Richtige, der als Social Entrepreneur ein Social Business oder ein Social Enterprise aufbaut?

- Konsum – Produktauswahl
  - Überprüfung deines Konsumverhaltens: Lebensmittel, technische Geräte, Autos – alles hat eine Wirkung auf unsere Umwelt oder auf andere Menschen.
  - Es ist kein Problem, an mehreren Tagen in der Woche komplett auf Fleisch zu verzichten.
  - Mobilität: mehr zu Fuß, ein Elektroauto, mehr Bahnfahrten und weniger fliegen. Mach es bewusster.
- Spendenverhalten überdenken
  - Was will ich durch meine Spende wirklich erreichen?
  - Gibt es von der Organisation, an die ich spende/spenden will, einen Impact-Bericht?
  - Gibt es ein alternatives Social Business oder ein Social Enterprise, welches meine Unterstützung braucht?
- Geldanlage
  - ETF kaufen ist bequem und gut, aber was ist wirklich drin im ETF-Portfolio?
  - Nimm dir als Anleger die Zeit für eine tiefere Beurteilung und Prüfung von Fondsprospekten und lege einen Teil des Geldes in echte Impact-Unternehmen an.
  - Achte auf Dark-green-Unternehmen, beschäftige dich mit dem Geschäftsmodell und dem konkreten Impact. Sind alle Informationen transparent und nachvollziehbar?
  - Werden die SFDR-Regularien in Bezug auf Nachvollziehbarkeit und Vollständigkeit der Angaben eingehalten?

Danksagung

Dieses Buch konnte ich nur schreiben, weil mir viele Menschen geholfen haben. All diesen Menschen möchte ich danken für ihre großartige Unterstützung in Form von Gesprächen, Rückmeldungen, Ideen und beim Sammeln und Sortieren der Gedanken.

Der Impact Community und vor allem meinen Leserinnen und Lesern möchte ich danken für die Ermutigung, dieses Projekt anzugehen. Nur mit diesem Ansporn und dem bekundeten Interesse war es mir möglich, auf die Energie so vieler anderer Menschen zurückzugreifen. Denn inzwischen weiß ich, dass man mit dem Schreiben von Büchern Gleichgewichte verschiebt. Eben weil man von einer Reihe von Menschen mehr Energie nimmt, als man ihnen in direkter Form zurückgeben kann.

Ein großes Danke geht an meine drei Kinder und meine Ehefrau Claudia, die seit vielen Jahren meinen Hunger nach Neuem und Veränderung ertragen und allein damit meine neuen Ideen unterstützen. In konkreter Form versuchen wir in der Familie aktiv zu werden bei alltäglichen Aspekten wie Ernährung, Mobilität, Energieversorgung und Konsumverhalten.

Bei meinen Partnern bei *PRIMEPULSE*, Klaus, Stefan, Raymond, ist es (hoffentlich!) nicht zu Verschiebungen von Gleichgewichten gekommen. Die Offenheit für neue Gedanken, unsere Diskussionen und die schnelle gemeinsame Umsetzung von Ideen in die Tat genieße ich sehr!

Im *PRIMEPULSE*-Team verlassen viele Menschen immer wieder ihre Gleichgewichtsposition innerhalb der Komfortzone, um gemeinsam ein Projektziel zu erreichen. Vielen Dank, Michael und Patrick, für euren intensiven Support. Mit Michael habe ich für dieses Buch über viele Wochen noch intensiver diskutiert als sonst und er hat mit Akribie Hintergründe recherchiert, Abbildungen zusammengetragen und immer wieder die richtigen Fragen gestellt. Patrick hat mit seiner Recherche zu den Impact VCs einen wichtigen Baustein beigesteuert.

Ohne Tim Reichel und meine Schwester Barbara wäre dieses Buch nur eine Gedankensammlung. Danke für eure ordnenden Kräfte. Barbara begleitet meinen Blog schon seit vielen Jahren und arbeitet sich geduldig in die vielen verschiedenen Themen ein, die mich in den letzten Jahren mit hoher Wechselfrequenz begeistert haben. Von Tim wollte ich eigentlich nur ein paar Tipps und Ratschläge aus seiner riesigen Erfahrung bei der Erstellung von Büchern. Dann hat er sich komplett in dieses Buch hineingestürzt und seine eigenen Projekte vernachlässigt. Tims Wissen zu Struktur, Verlagen, Arbeitsweisen und die vielen Gespräche, wie wir es doch irgendwie auch wieder anders machen können, haben aus diesem Projekt für mich eine wirklich einzigartige Erfahrung gemacht.

Mein besonderer Dank gilt den Mitarbeiterinnen und Mitarbeitern des Haufe Verlags, die dafür gesorgt haben, dass dieses Buch Wirklichkeit geworden ist. Ich hätte mir keinen besseren Partner wünschen können. Bettina Noé hat als Produktmanagerin in dem engen Zeitplan Unmögliches möglich gemacht. Juliane Sowah hat mit ihrem Wortgefühl das Buch runder und lesbarer gemacht. Die Arbeitsatmosphäre mit ihnen beiden und allen Beteiligten war inspirierend und ich möchte mich bedanken für die vielen Freiheiten und Gestaltungsoptionen, die mir gegeben wurden.

Wer dieses Buch bis hierher gelesen hat, wird festgestellt haben: Ich bin der Impact-Idee verfallen und fest entschlossen, unseren Planeten zu retten. Ich weiß, dass mir das alleine nicht gelingen wird – aber ich bin verrückt genug, es zu versuchen. Alle, die sich ebenfalls auf den Weg machen wollen, lade ich herzlich dazu ein! Vielleicht sind wir am Ende doch mehr als erwartet und schaffen es gemeinsam, unsere Welt zu einem dauerhaft lebenswerten Planeten zu machen.

Wer einen Anfangsimpuls braucht oder Austausch sucht, erreicht mich unter hallo@stefanfritz.de. Ich beantworte jede Nachricht persönlich und freue mich auf interessante Gespräche!

Der Autor

Stefan Fritz, Jahrgang 1967, ist Autor, Gründer, Unternehmer und Investor. Bereits während des Physikstudiums gründete er sein erstes Unternehmen, dem bald weitere folgten. Als Gründer der *synaix* hat er Mittelständler und Konzernunternehmen unterstützt, etablierte Geschäftsmodelle zu digitalisieren und in As-a-Service- oder Plattformgeschäftsmodelle zu transformieren. Neben dem Unternehmen *synaix* hat er ein Systemhaus, mehrere Beratungs- und Softwareunternehmen sowie einen Streaming-Dienst für klassische Musik gegründet oder als Mitgründer begleitet. Parallel dazu hat Stefan begonnen, in Start-ups und Unternehmen zu investieren. Bis heute engagiert er sich in zahlreichen Jurys für nationale und internationale Start-up-Wettbewerbe. Wertvolle Erfahrung, wie größere Unternehmen ticken, konnte er als Manager im *CANCOM*-Konzern sammeln.

Stefan beschäftigt über die Jahre hinweg die Frage, wie man innovative Technologien mit Hilfe digitaler Geschäftsmodelle zu nachhaltigem und dauerhaftem Wachstum führen kann.

Auf seinem Blog https://stefanfritz.de/ veröffentlicht er seit 2014 regelmäßig Artikel zu dem Thema, wie wir durch den sinnvollen Einsatz von Digitalisierung und Innovation Werte für Menschen, Unternehmen und unsere Gesellschaft schaffen können. Seit 2020 legt er seinen Fokus auf Impact Investing und Impact-Unternehmertum.

Heute ist Stefan Partner bei der *PRIMEPULSE*, einer Investmentgesellschaft, die sich auf B2B-Deeptech-Geschäftsmodelle für Venture Capital, Mittelstand und gelistete Unternehmen fokussiert hat. Stefan berät Gründer und Unternehmer bei der nachhaltigen Entwicklung ihrer Vision, organisiert Kapital und unterstützt Unternehmen mit seinem breiten Netzwerk aus Technologien, Märkten und Erfahrung.

Als gefragter Keynote Speaker gibt er Start-ups, etablierten Unternehmen sowie Investoren Impulse für eine verantwortungsvolle und umweltschonende Ausrichtung. Er bringt Impact-Investoren, Impact Entrepreneure und Unternehmer zusammen und zeigt Wege zu neuen, nachhaltigen Geschäftsmodellen auf.

Der dreifache Familienvater möchte dazu beitragen, eine ressourcenschonende und zukunftsfreundliche Welt zu gestalten. Stefan wohnt mit seiner Familie in Aachen, mitten im Herzen Europas.

Stichwortverzeichnis

Anhang/Tabellen

In welche SDG 17 Ziele wird investiert?

Ergänzung zu Kapitel 4.3, Abbildung 6: Teilnehmer der Markstudie Impact Investing 2020 gaben folgende Anlagevolumen aufgeteilt auf die SDG 17 Ziele an:

SDG	Ziel	Anlagevolumen in Mio. €
SDG 3	Gesundheit und Wohlergehen	520,3
SDG 7	Bezahlbare und saubere Energie	309,2
SDG 11	Nachhaltige Städte und Gemeinden	164,7
SDG 2	Kein Hunger	101,3
SDG 4	Chancengerechte und hochwertige Bildung	82,4
SDG 17	Partnerschaft zur Erreichung der Ziele	27,3
SDG 13	Klimaschutz und Anpassung	23,9
SDG 10	Weniger Ungleichheiten	23,3
SDG 5	Geschlechtergleichheit	22,1
SDG 8	Gute Arbeit und Wirtschaftswachstum	12,3
SDG 15	Leben an Land	9,7
SDG 12	Nachhaltiger Konsum und Produktion	9,3
SDG 1	Keine Armut	9,3
SDG 6	Sauberes Wasser und sanitäre Einrichtungen	8
SDG 9	Industrie, Innovation und Infrastruktur	3,3
SDG 16	Frieden, Recht und starke Institutionen	0
SDG 14	Leben unter Wasser	0

Tab. 8: Verteilung des Anlagevolumens von Investoren

Ausgewählte Philanthropie-Organisationen

Ergänzung zu Kapitel 14.1, Tabelle 4. Auf den Websites sind weitere Informationen zu finanziellen Kennzahlen und Stiftungsvermögen zu finden.

Organisation	Link
Bill and Melinda Gates Foundation	https://www.gatesfoundation.org/about/financials
Open Society Foundations	https://www.opensocietyfoundations.org/who-we-are/financials
Gordon and Betty Moore Foundation	https://www.moore.org/about/our-finances
Chan Zuckerberg Initiative	https://chanzuckerberg.com/
Alfried Krupp von Bohlen und Halbach-Stiftung	https://www.krupp-stiftung.de/zahlen-und-projekte/
Bertelsmann Stiftung	https://www.bertelsmann-stiftung.de/fileadmin/files/BSt/Publikationen/Infomaterialien/IN_Jahresbericht_2020_2021.03.16.pdf
Else Kröner-Fresenius-Stiftung	https://www.ekfs.de/ueber-uns/unsere-arbeit/unternehmen-fresenius
Hertie-Stiftung	http://ghst.de/jahresbericht2020/
Robert Bosch Stiftung	https://www.bosch-stiftung.de/sites/default/files/publications/pdf/2021 – 07/Robert_Bosch_Stiftung_Taetigkeitsbericht_2020.pdf
VolkswagenStiftung	https://www.volkswagenstiftung.de/sites/default/files/downloads/Volkswagenstiftung_Status2020_Website.pdf
Skala-Initiative	http://www.skala-initiative.de/initiative/
Dreilinden	https://dreilinden.org/deu/dastut.html

Tab. 9: Ausgewählte Philanthropie-Organisationen – Links und Quellen

Ausgewählte Charity-Organisationen

Ergänzung zu Kapitel 14.1, Tabelle 5. Auf den Websites finden Sie sind weitere Informationen zu den Stiftungen sowie zur Ausrichtung der Organisationen auf die SDG 17 Ziele.

Organisation	Link
Aktion Mensch (ehemals Aktion Sorgenkind)	https://www.aktion-mensch.de/
Arbeiter-Samariter-Bund Deutschland e. V.	https://www.samariterbund.net/sdg/
Ärzte ohne Grenzen	https://www.aerzte-ohne-grenzen.de/
Bischöfliche Hilfswerk Misereor e. V.	https://www.misereor.de/fileadmin/publikationen/positionspapier-globale-nachhaltigkeitsziele-2015.pdf
Bund für Umwelt und Naturschutz Deutschland e. V.	https://www.bund.net/service/publikationen/detail/publication/wie-wir-alle-gut-auf-der-erde-leben-koennen/
Deutsche Gesellschaft zur Rettung Schiffbrüchiger	https://www.seenotretter.de/
Deutsche Lebens-Rettungs-Gesellschaft e. V.	https://www.dlrg.de/
Deutsche Welthungerhilfe e. V.	https://www.welthungerhilfe.de/informieren/themen/politik-veraendern/17-sustainable-development-goals-bis-2030/
Deutscher Tierschutzbund e. V.	https://www.tierschutzbund.de/
Deutsches Rotes Kreuz	https://www.drk.de/sdg/
Johanniter-Unfall-Hilfe	https://www.johanniter.de/
Kindernothilfe	https://datenbank2.deutscher-nachhaltigkeitskodex.de/Profile/MainMenuHandler/2_3?company=13626&year=2018&lang=de&culture=de
missio Aachen	https://www.missio-hilft.de/
Naturschutzbund Deutschland e. V.	https://www.nabu.de/imperia/md/content/nabude/nachhaltigkeit/190213-leitfaden-sdg-gemeinsam-fuer-die-welt-von-morgen.pdf
Rote Nasen Deutschland e. V.	https://www.rotenasen.de/
Tafel Deutschland e. V.	https://www.tafel.de/ueber-uns/aktuelle-meldungen/2019/tafel-deutschland-trifft-internationale-lebensmittelretter/
WWF	https://wwf.panda.org/discover/knowledge_hub/sustainable_development_goals/

Tab. 10: Ausgewählte Charity-Organisationen – Links und Quellen

Ausgewählte Social-Enterprise-Organisationen

Ergänzung zu Kapitel 14.3, Tabelle 6. Auf den Websites sind weitere Informationen zu den Organisationen, insbesondere den finanziellen Kennzahlen, zu finden.

Organisation	Link
abgeordnetenwatch.de	https://www.abgeordnetenwatch.de/ueber-uns/mehr/finanzierung/parlamentwatch-eV
Africa GreenTec	https://www.africagreentec.com/home/impactfacts/
BrückenBauen gUG	https://gemeinsam-bruecken-bauen.de/
Balu und Du	https://www.balu-und-du.de/fileadmin/user_upload/Wirkung/2019_Wirkungsbericht_BuD_WEB.pdf
Changeverein/change.org	https://changeverein.org/wp-content/uploads/2021/06/Jahres_Wirkungsbericht_2020_WEB.pdf
Deutsche Knochenmarkspender-datei (DKMS)	https://www.dkms.de/informieren/ueber-die-dkms
Digitale Helden	https://digitale-helden.de/startseite/transparenz/
EinDollarBrille	https://www.eindollarbrille.de/wp-content/uploads/2020/05/EinDollarBrille_Jahresbericht_2019_web.pdf
GemüseAckerdemie	https://www.gemueseackerdemie.de/fileadmin/Redaktion/06_Ueber-uns/PDFs/GemueseAckerdemie_Wirkungsbericht_2020_AckerReport.pdf
Querstadtein	https://querstadtein.org/faq/
Social-Bee	https://wb2018.social-bee.de/
Viva con Agua	https://www.vivaconagua.org/wp-content/uploads/2021/05/VcA-Jahresbericht-2020-web-1.pdf
Zweitzeugen	https://zweitzeugen.de/wp-content/uploads/2021/05/Wirkungsbericht_Zweitzeugen20_040521_web1.pdf

Tab. 11: Ausgewählte Social-Enterprise-Organisationen – Links und Quellen

Ausgewählte Social-Business-Organisationen

Ergänzung zu Kapitel 14.5, Tabelle 7. Auf den Websites sind weitere Informationen zu den Organisationen, insbesondere dem Geschäftsmodell, zu finden.

Organisation	Link
GLS Bank	https://www.gls.de/privatkunden/gls-bank/zahlen-fakten/
Grameen Bank (Muhammad Yunus)	https://grameenbank.org/annual-report-1983 – 2016/
Hilfswerft gGmbh	https://www.hilfswerft.de/wp-content/uploads/2021/04/Wirkungsbericht_2020.pdf
Polarstern	https://www.polarstern-energie.de/social-business/
SEKEM	https://www.sekem.com/wp-content/uploads/2021/06/SEKEM-Report-2020.pdf
SHIFT	https://www.shiftphones.com/downloads/SHIFT-wirkungsbericht-2019 – 05 – 10.pdf
Soulbottles	https://www.soulbottles.de/vision-mission/produkte
Tür an Tür – Digitalfabrik gGmbH	https://tuerantuer.de/wp-content/uploads/2021/06/TaT-Digitalfabrik_Wirkungsbericht_2020.pdf

Tab. 12: Ausgewählte Social-Business-Organisationen – Links und Quellen

Endnoten

1   »Die Grenzen des Wachstums«, der erste Bericht des Club of Rome, erschien 1972. Ca. 20 Jahre haben Wissenschaftler Umweltzusammenhänge untersucht. Ab den 1990er-Jahren gab es eine klare Nachhaltigkeitsbewegung, die keinem von uns verborgen geblieben sein kann.

2   Beckert, Jens (2018): Imaginierte Zukunft: Fiktionale Erwartungen und die Dynamik des Kapitalismus.

3   Bildquelle: https://www.bundesregierung.de/breg-de/themen/nachhaltigkeitspolitik/nachhaltigkeitsziele-verstaendlich-erklaert-232174.

4   Harvard Business manager 4/2013: Vordenker-Serie: Joseph Schumpeter – Der kreative Zerstörer (vom 11.11.2020): https://www.manager-magazin.de/harvard/management/joseph-schumpeter-innovation-und-schoepferische-zerstoerung-a-00000000-0002-0001-0000-000091405742.

5   Harari, Yuval Noah (2015): Eine kurze Geschichte der Menschheit, Kapitel 7. Deutsche Verlags-Anstalt.

6   Scheer, Thomas (2016): Buchführung »alla Veneziana«, 500 Jahre doppelte Buchführung in Deutschland. GRIN-Publishing.

7   Stürmer, Michael (23.11.2012): Größenwahn ist Frankreichs Weg in den Ruin, https://www.welt.de/kultur/history/article111421384/Groessenwahn-ist-Frankreichs-Weg-in-den-Ruin.html.

8   Blakemore, Erin (09.09.2019): Vor Apple & Co. war die Ostindien-Kompanie eine Weltmacht, https://www.nationalgeographic.de/geschichte-und-kultur/2019/09/vor-apple-co-war-die-ostindien-kompanie-eine-weltmacht.

9   WDR (17.03.2013):17. März 1798 – Ostindien-Kompanie wird verstaatlicht, https://www1.wdr.de/stichtag/stichtag7362.html.

10 König, Wolfgang (2020): Sir William Siemens: 1823 – 1883. Verlag C.H.Beck, S. 69.

11 Verordnung (EU) 2019/2088 Offenlegungsverordnung; Langname »Verordnung (EU) 2019/2088 des Europäischen Parlaments und des Rates vom 27. November 2019 über nachhaltigkeitsbezogene Offenlegungspflichten im Finanzdienstleistungssektor«.

12 Riess, Birgit (2010), Bertelsmanns Stiftung (Hrsg.): Corporate Citizenship planen und messen mit der iooi-Methode, (PDF zum kostenlosen Download), https://www.bertelsmann-stiftung.de/de/publikationen/publikation/did/corporate-citizenship-planen-und-messen-mit-der-iooi-methode.

13 Porter, Michael/Cramer, Mark (2011): Creating Shared Value, HBR January 2011: How to reinvent capitalism and unleash a wave of innovation and growth.

14 Porter, Michael E./Kramer, Mark: Creating Shared Value, Business Review | January/February 2011, https://www.fsg.org/publications/creating-shared-value.

15 Porter, Michael E./Hills, Greg/Pfitzer, Marc/Patscheke, Sonja/Hawkings, Elisabeth: Measuring Shared Value – How to Unlock Value by Linking Business and Social Results (FSG-Report), https://www.fsg.org/publications/measuring-shared-value.

16 Harvard Business manager 4/2000: Narzisstische Unternehmensführer im Kommen, https://www.manager-magazin.de/harvard/narzisstische-unternehmensfuehrer-im-kommen-a-fcc29cdf-0002-0001-0000-000021501783.

17 Horowitz, Ben (2019): What You Do Is Who You Are – How to Create Your Business Culture. Harper Business.

18 Bundeswehr: Die Organisation der Bundeswehr, https://www.bundeswehr.de/de/organisation.

19 Doerr, L. John (2018): Measure What Matters: OKRs: The Simple Idea that Drives 10x Growth.

20 Harvard Business manager 11/2010: Vordenker-Serie: Peter F. Drucker – Entdecker der Wissensarbeit, https://www.manager-magazin.de/harvard/management/peter-drucker-seine-ideen-und-konzepte-im-ueberblick-a-00000000-0002-0001-0000-000074209872.

21 Gromer, Christian (2012): Die Bewertung von nachhaltigen Immobilien – Ein kapitalmarkttheoretischer Ansatz basierend auf dem Realoptionsgedanken, S. 137.

22 Behringer, Stefan (2020): Eine kurze Geschichte der Unternehmensbewertung – Die Entwicklung der Methoden und Implikationen für die Zukunft, S. 90.

23 https://givingpledge.org.

24 Traxler, Hans: Gerechte Auslese (Cartoon). In: Klant, Michael [Hrsg.]: Schul-Spott: Karikaturen aus 2500 Jahren Pädagogik. Fackelträger, Hannover 1983, S. 25

25 Es gibt hierzu eine vom Vatikan unterstütze Initiative »Inklusiver Kapitalismus«, siehe https://www.inclusivecapitalism.com/.

26 Wikipedia: Philanthropie: https://de.wikipedia.org/wiki/Philanthropie.

27 Emerson, Jed (01.07.2003): The Blended Value Proposition: Integrating Social and Financial Returns, Research Article, https://doi.org/10.2307/41166187.

28 Ryte Wiki: Social Return on Investment, https://de.ryte.com/wiki/Social_Return_on_Investment.

29 Wikipedia: Nobelpreis, https://de.wikipedia.org/wiki/Nobelpreis.

30 Mazzucato, Mariana (2019): Wie kommt der Wert in die Welt? Von Schöpfern und Abschöpfern. Campus Verlag.

31 Vgl. Umweltbundesamt (12.07.2021): Der Europäische Emissionshandel, https://www.umweltbundesamt.de/daten/klima/der-europaeische-emissionshandel#teilnehmer-prinzip-und-umsetzung-des-europaeischen-emissionshandels.

32 Staab, Philip (2016): Falsche Versprechen: Wachstum im digitalen Kapitalismus. (kleine reihe), Hamburger Edition, HIS.

33 Klude, Carsten (19.09.2019): Unsichere Zeiten? Warum Gold als Krisenwährung gilt, https://www.boerse-am-sonntag.de/rohstoffe/rohstoff-der-woche/artikel/wie-sicher-ist-die-krisenwaehrung-gold.html.

34 Serafeim, George (2020): Social-Impact Efforts That Create Real Value, https://hbr.org/2020/09/social-impact-efforts-that-create-real-value#social-impact-efforts-that-create-real-value.

35 In den Jahren von der Mitte des 17. Jahrhunderts bis zur französischen Revolution (1789) und der amerikanischen Unabhängigkeitserklärung (1776).

36 Eckert, Daniel (01.12.2019): Deutschland fällt im Steuerwettbewerb zurück, https://www.welt.de/wirtschaft/article203942954/Standortvergleich-Deutschland-faellt-im-Steuerwettbewerb-zurueck.html.

37 Missal, Helge Sven (2018): »Verzichten Sie vielleicht auch einmal auf ein Recht!« (Dissertation), https://www.opendata.uni-halle.de/bitstream/1981185920/9036/1/Dissertation_Helge_Missal_11072018.pdf.

38 Niedersächsisches Ministerium für Inneres und Sport (03.06.2021): Niedersächsischer Verfassungsschutzbericht 2020, https://www.mi.niedersachsen.de/startseite/aktuelles/presseinformationen/niedersachsischer-verfassungsschutzbericht-2020-junge-alternative-und-flugel-beobachtungsobjekte-hemmschwelle-zur-gewaltanwendung-bei-linksextremisten-weiter-niedrig-islamismus-in-konsolidierungsphase-201010.html.

39 Horowitz, Ben (2019): What You Do Is Who You Are – How to Create Your Business Culture. Harper Business.

40 https://blog.unternehmernachfolge-in-familienunternehmen.de.

41 https://ecochain.com/de/knowledge-base/oekobilanz-lca-kompletter-leitfaden-fur-anfanger/.

42 Growth Hacking ist eine Technik aus dem Marketing. Sie wurde von Start-ups konzipiert, um im Umfeld von Social Media durch Kreativität und analytisches Denken Bekanntheit aufzubauen und den Absatz zu steigern.

43 Brook, David/MacMaster, Caitlyn/Singer, Peter: Innovation for Development (2014). In: Currie-Alder, Bruce/Kanbur, Ravi/Malone, David M./Medhora, Rohinton (Hrsg.): International Development: Ideas, Experience and Prospects. Oxford University Press, Oxford.

44 https://www.landkreis-osnabrueck.de/fachthemen/jugend/angebote-fuer-familien.

45 https://www.bertelsmann-stiftung.de/de/unsere-projekte/impact-investing/projektnachrichten/sib-im-lkos/.

46 Hagen, Stefan (14.12.2009): IOOI Methode: Nie wieder unklare Projektziele! https://pm-blog.com/2009/12/14/iooi-methode-nie-wieder-unklare-projektziele-2/.

47 Then, Volker/Schmidt, Tobias: Impact Investing in Deutschland 2020 – Ein dynamischer Wachstumsmarkt (Marktstudie Langfassung), https://bundesinitiative-impact-investing.de/wp-content/uploads/2020/12/Impact-Investing-in-Deutschland-2020.pdf, S. 40.

48 https://www.social-reporting-standard.de/sri-ev/ueber-uns/.

49 Munich Re (2020): RI Transparency Report 2020, https://www.lazardassetmanagement.com/docs/-m0-/54796/pritransparencyreport_en.pdf.

50 Munich Re (2019): RI Transparency Report 2019, https://www.munichre.com/content/dam/munichre/contentlounge/website-pieces/documents/PRI-Transparency-Report-Munich-Re-2018.pdf/_jcr_content/renditions/original./PRI-Transparency-Report-Munich-Re-2018.pdf.

51 Impact Management Projekt (IMP): Impact management norms, https://impactmanagementproject.com/impact-management/impact-management-norms/.

52 https://iris.thegiin.org/.

53 Grundlage ist der europäische SFDR Rahmen, https://eur-lex.europa.eu/eli/reg/2019/2088/oj.

54 Riess, Birgit (2010), Bertelsmanns Stiftung (Hrsg.): Corporate Citizenship planen und messen mit der iooi-Methode, (PDF zum kostenlosen Download), https://www.bertelsmann-stiftung.de/de/publikationen/publikation/did/corporate-citizenship-planen-und-messen-mit-der-iooi-methode.

55 https://trends.google.de/trends/explore?date=all&q=impact%20investing.

56 Musk, Elon (02.08.2006): The Secret Tesla Motors Master Plan (just between you and me), https://www.tesla.com/it_IT/blog/secret-tesla-motors-master-plan-just-between-you-and-me.

57 Urban, Tim (20.04.2017): Neuralink and the Brain's Magical Future, https://waitbutwhy.com/2017/04/neuralink.html#part6.

58 Deutsche Bank (2016): Unternehmerische Verantwortung Bericht 2016, https://cr-report.db.com/2016/de/serviceseiten/downloads/files/dbcr2016_gesamt.pdf, S. 16.

59 Liang, Hao/Cheah, Sin Mei (02.12.2020): Pinduoduo: Driving E-Commerce in Rural China to Improve Farmer's Livelihoods, https://store.hbr.org/product/pinduoduo-driving-e-commerce-in-rural-china-to-improve-farmers-livelihoods/smu903?sku=SMU903-PDF-ENG.

60 https://berlin.impacthub.net/de/.

61 http://sociallab-koeln.de/.

62 https://munich.impacthub.net/.

63 https://impact-factory.de.

64 https://www.diversity.vc.

65 Quellen: Die Unternehmen sind über *Dealroom*, *Pitchbook*, eigene Recherchen und die Unternehmenswebsites identifiziert und untersucht worden.

66 Thiede, Lena (16.07.2021): What's the unit to measure progress? Planet A`s approach to assessing impact, https://www.linkedin.com/pulse/whats-unit-measure-progress-planet-approach-assessing-lena-thiede/?trk=public_profile_article_view.

67 https://www.bluehorizon.com/the-dutch-weed-burger/.

68 https://www.bluehorizon.com/chromologics/.

69 *The Giving Pledge* (das Versprechen zu geben) ist eine von Bill Gates und Warren Buffet Mitte 2010 gestartete philanthropische Kampagne, um vor allem wohlhabende Menschen zu Spenden für das Gemeinwohl zu bewegen.

70 https://open.who.int/2020 – 21/contributors/contributor.

71 https://www.gatesfoundation.org/about/committed-grants.

72 Rohwedder, Wulf (15.04.2020): Bill Gates und Corona – Menschenfreund oder Geschäftemacher? https://www.tagesschau.de/faktenfinder/ausland/gates-stiftung-corona-101.html.

73 Phineo-Studie (2016): Wirkungstransparenz bei Spendenorganisationen, https://www.phineo.org/uploads/Downloads/PHINEO_Studie_Wirkungstransparenz_2016.pdf, S. 30.

74 Evpa: About venture philanthropy, https://evpa.eu.com/about-us/what-is-venture-philanthropy.

75 Munding, Beate (05/2017): Social Business: Ein Überblick, https://www.zukunftsinstitut.de/artikel/social-business-ein-ueberblick/.

76 https://nachhaltigkeit.krombacher.de/regenwald.

77 Apple Newsroom (2020): Apple verpflichtet sich zur 100-prozentigen Klimaneutralität seiner Zulieferkette und seiner Produkte bis 2030 (Pressemitteilung vom 21.07.2020), https://www.apple.com/de/newsroom/2020/07/apple-commits-to-be-100-percent-carbon-neutral-for-its-supply-chain-and-products-by-2030/.

78 https://www.apple.com/environment/.

79 Pucker, Kenneth P. (Mai-Juni 2020): Overselling Sustainability Reporting – We're confusing output with impact, https://hbr.org/2021/05/overselling-sustainability-reporting.

80 https://ghgprotocol.org.

81 Roser, Max (2013): Future Population Growth, https://ourworldindata.org/future-population-growth.

82 Ritchie, Hannah/Roser, Max (2020): Energy, https://ourworldindata.org/energy.

83 Ritchie, Hannah/Roser, Max (2020): CO_2 and Greenhouse Gas Emissions. https://ourworldindata.org/co2-and-other-greenhouse-gas-emissions.

84 Hofmann, Gerhard (13.04.2021): CO2-Budget eine Schimäre, https://www.solarify.eu/2021/04/13/776-co2-budget-eine-schimaere/.

85 BMZ (26.05.2021): DEVELOPPP VENTURES – Entwicklungsministerium startet Programm für Start-up-Förderung (Pressemitteilung), https://www.bmz.de/de/aktuelles/bmz-startet-programm-fuer-start-up-foerderung-79800.

86 Yergin, Daniel (2020): The New Map – Energy, Climate, and the Clash of Nations, S. 119.

87 Rüsberg, Kai (03.08.2021): Klimaschutz in Bottrop – Den CO2-Ausstoß in zehn Jahren halbiert, https://www.deutschlandfunkkultur.de/klimaschutz-in-bottrop-den-co2-ausstoss-in-zehn-jahren.976.de.html?dram:article_id=501188.

88 http://www.fao.org/home/en/.

89 Ritchie, Hannah/Roser, Max (2020): Environmental impacts of food production, https://ourworldindata.org/environmental-impacts-of-food.

90 Roser, Max (2017): Tourism, https://ourworldindata.org/tourism.

91 Ritchie, Hannah/Roser, Max (2020): Energy, https://ourworldindata.org/transport.

92 https://sdg-tracker.org.